Urs Neu

Do-it-yourself Wettervorhersage

Haupt
NATUR

Urs Neu

Do-it-yourself Wettervorhersage

Leicht gemacht mit der Höhendruckkarte

Haupt Verlag

Dr. *Urs Neu* ist Geograf mit Spezialgebiet Meteorologie und Klimatologie. Er hat über viele Jahre an der Universität Bern Kurse zur Wettervorhersage geleitet. Heute arbeitet er bei der Akademie der Naturwissenschaften Schweiz in der Wissensvermittlung zum Klimabereich. Er verfolgt und kommentiert immer noch privat regelmäßig das Wettergeschehen und hält Vorträge zu Wetterprognosen.

1. Auflage 2016

Bibliografische Angaben der *Deutschen Nationalbibliothek*:
Die Deutsche Nationalbibliothek verzeichnet diese Publikation in der Deutschen Nationalbibliografie; detaillierte bibliografische Angaben sind im Internet über http://dnb.dnb.de abrufbar.

ISBN: 978-3-258-07982-0

Layout und Umschlagsgestaltung: pooldesign.ch
Lektorat: Claudia Huber, Erfurt
Korrektorat: Uta Koßmagk, Wiesbaden
Gedruckt in der Tschechischen Republik

www.haupt.ch

FSC www.fsc.org MIX Papier aus verantwortungsvollen Quellen FSC® C014138

Inhaltsverzeichnis

Vorwort

In den 1990er-Jahren habe ich am Geografischen Institut der Universität Bern über mehrere Jahre das Seminar «Besprechung der aktuellen Wetterlage» geleitet. Dieses Seminar ist die einzige mir bekannte Veranstaltung an der Universität, die seit Beginn der 1980er-Jahre in jeder Semesterwoche stattgefunden hat – und auch heute noch stattfindet. Der legendäre Enthusiasmus, mit dem Dr. Ralph Rickli als Leiter der «Wetterbesprechung», wie sie unter Studenten genannt wurde, die Geschehnisse am Himmel während meines Studiums jeweils kommentierte, hat nicht nur in mir die Freude und das Interesse an der Wetterprognose geweckt. Doch nicht nur der Enthusiasmus, auch das große Fachwissen von Ralph hat uns damals beeindruckt. Auch wenn von diesem Wissen nicht alles in meinem Gedächtnis haften blieb, reichte es, um selber Wetterprognosen zu fertigen. Selbstverständlich blieben Fehlprognosen nicht aus, aber aus der Analyse von Fehlern haben wir immer am meisten gelernt. Und: «Fehlprognosen sind unvermeidlich, darüber musst du dir keine Gedanken machen», hat uns Ralph immer wieder beruhigt. «Daraus lernen und schnell vergessen» war sein Motto.
Durch die große Aktualität, d. h. die Diskussion des Wetters der vergangenen Woche, des momentanen und des Wetters vom nächsten Wochenende, hat sich die Veranstaltung wohltuend von vielen anderen, eher «trockenen» Vorlesungen abgehoben. Mit großer Spannung stand ich jeden Tag vor dem Faxgerät (damals gab es die Karten noch nicht im Internet, und wir mussten sie abonnieren) und schaute mir die Wetterkarten an, die das Wettermodell auf dem Computer des Deutschen Wetterdienstes kurz zuvor ausgespuckt hatte.

Wir arbeiteten schon damals hauptsächlich mit der «500-hPa-Karte» (hPa = Hektopascal), d.h. der Karte mit dem Luftdruck auf ca. 5.5 km Höhe über Meer. Sehr rasch lernten wir, dass daraus sehr einfach sehr viele Informationen entnommen werden konnten. Diese Karte war unser wichtigstes Arbeitsinstrument. Sie erlaubt, sich mit relativ wenig Vorwissen einen guten Überblick über die Wettersituation zu verschaffen und eine eigene Prognose zu verfassen. Ich habe damals einigen Freunden, die kaum Vorkenntnisse hatten, in ungefähr zwei Stunden beigebracht, aus einer 500-hPa-Druckkarte selber Wetterprognosen zu erstellen. Das Wichtige dabei war jedoch weniger die Prognose selbst, sondern das Wissen um die Wettersituation und das Abschätzen der Prognosesicherheit. Letztere unterscheidet sich bei verschiedenen Wetterlagen nämlich deutlich.
Ich habe mich schon damals gefragt, weshalb in allen Medien immer nur mit der Bodenwetterkarte gearbeitet wird, mit den Kalt- und Warmfronten und «Zyklonenfamilien», wie vor 50 Jahren, als es noch keine Wettermodelle gab und nur das Wetter in Bodennähe bekannt war. Und ich frage mich das heute noch. Ich habe noch kein Wetterbuch gefunden, das die Möglichkeiten der Wettermodelle und der Gratis-Informationen im Internet ausführlich beschreibt und dem breiten Publikum aufzeigt.
In Vorträgen habe ich versucht, mein Wissen weiterzugeben, und bin damit immer auf großes Interesse gestoßen. Als ich die Möglichkeit erwähnt habe, ein Büchlein dazu zu verfassen, haben sich alle Freunde und Bekannten sehr interessiert gezeigt. Deshalb reifte der Entschluss, die Erklärungen schriftlich niederzulegen. Das Resultat halten Sie in der Hand. Ich wünsche Ihnen viel Spaß beim Lesen und viel Glück beim Erstellen der ersten Prognose – Do it yourself!

An dieser Stelle möchte ich mich noch ganz herzlich bedanken: Bei meiner Lebenspartnerin Andrea für die vielen Tipps zur besseren Verständlichkeit des Textes, bei Gabriele Müller, Martin Läubli und Markus Hohl für die Durchsicht des Manuskripts sowie bei Christoph Kull und den Teams von wetteronline.de und search.ch für das Überlassen von Bildern bzw. Wetterkarten.

Im Frühjahr 2016 *Urs Neu*

1

Wetterprognose

Do-it-yourself!

Haben Sie sich auch schon geärgert, wenn es geregnet hat, obwohl doch die Wetterprognose Sonnenschein versprochen hatte, und nun das Grillfleisch in der Küche auf dem Herd brutzelt? Oder umgekehrt die Sonne schien, obwohl Regen vorausgesagt war, und Sie nun zu Hause sitzen statt in den Bergen zu wandern? Da kann ich Ihnen nur empfehlen: Ärgern Sie sich nicht mehr über falsche Wettervorhersagen – helfen Sie sich selbst! Das ist heute nicht mehr allzu schwierig, Computer und Internet sei Dank. Dabei soll es hier nicht um die zahlreichen Wetter-Apps gehen, die für jeden beliebigen Standort Sonnenschein, Wolken, Temperatur- und Niederschlagsverlauf ausspucken, denn sie bieten nicht viel mehr Information und Sicherheit als die Wettersendung im Fernsehen. Auf den folgenden Seiten erfahren Sie, wie Sie sich auf einfache Art einen Überblick über die Wettersituation verschaffen können. Und Sie lernen, die mögliche *Bandbreite* der Wetterentwicklung (was ist alles möglich?) abzuschätzen und so die Sicherheit von Vorhersagen zu beurteilen. Die ist nämlich je nach Wettersituation sehr unterschiedlich.

Noch vor wenigen Jahrzehnten waren wir, was die Wettervorhersagen betrifft, sozusagen auf Gedeih und Verderb auf das Wissen und die Erfahrung von Meteorologen angewiesen. Insbesondere vor der Zeit der Computer-Wettermodelle war sehr viel Erfahrung nötig: Zuerst, um aus den von Wetterstationen, Schiffen und später auch Flugzeugen gemeldeten Messungen überhaupt eine Wetterkarte zu konstruieren, und dann, um sich daraus einen Reim machen zu können, wie sich das Wetter entwickelt. Diese Zeiten sind längst vorbei. Die Hauptarbeit haben die Wettermodelle und die Computer übernommen (siehe Abbildungen 1 und 2).

Die physikalischen Wettermodelle berechnen auf bis zu 14 Tage hinaus in Intervallen von drei bis sechs Stunden ein dreidimensionales Bild der Atmosphäre rund um den Globus. Dieses enthält alle wichtigen Angaben wie Temperatur, Druck, Windrichtung und Windgeschwindigkeit,

Abb. 1 Grundlagen der Wetterprognose: Von der Bodenwetterkarte (links) zu den Karten dreidimensionaler Wettermodelle, die ab den 1960er-Jahren laufend verbessert worden sind.

Abb. 2 Supercomputer im «Supercomputing Powerhouse» der National Aeronautics and Space Administration (NASA) in Moffet Field, Kalifornien. Auf solchen Computern laufen die Wettermodell-Rechnungen.

1960

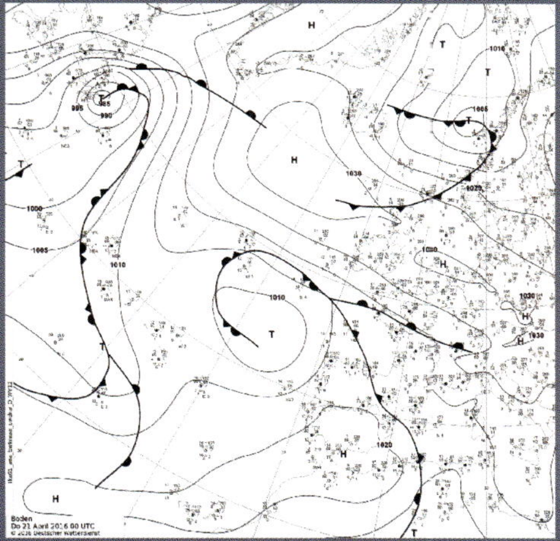

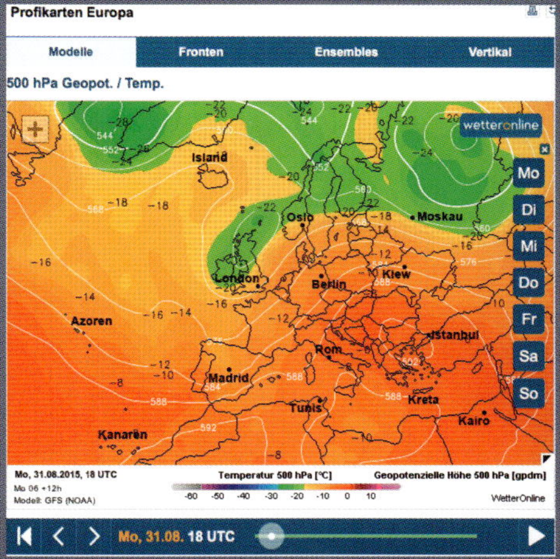
Profikarten Europa
Modelle
Fronten
Ensembles
Vertikal
500 hPa Geopot. / Temp.
wetteronline
Island
Oslo
Moskau
London
Berlin
Kiew
Azoren
Rom
Istanbul
Madrid
Tunis
Kreta
Kairo
Kanaren
Mo
Di
Mi
Do
Fr
Sa
So
Mo, 31.08. 18 UTC

2015

sgi
NASA

Feuchtigkeit und weitere Werte, die daraus abgeleitet werden können. Aus den Resultaten können für alle diese Größen geografische Karten für die gewünschte Region und für die gewünschte Höhe über Meer produziert werden. Diese Karten machen die Erstellung von Vorhersagen sehr viel einfacher als dies früher der Fall war. Insbesondere die Angaben über die Verhältnisse in größeren Höhen sind sehr wertvoll, denn die Strömungen und Veränderungen in dieser Höhe sind ausschlaggebend dafür, wohin sich Tiefdruckwirbel, Fronten und ähnliche Phänomene in Bodennähe bewegen, wohin der Wind weht und wie die Temperaturen verteilt sind. Mit diesen Informationen ist viel weniger Erfahrung erforderlich, um die Entwicklung des Wetters in den nächsten Tagen abschätzen zu können. Die Arbeit der Meteorologen hat sich hin zur Verbesserung und Weiterentwicklung der Wettermodelle verschoben.

Mit dem Aufkommen und der Verbreitung des Internets stehen diese Informationen nicht mehr nur den Wetterdiensten zur Verfügung, sondern können auch vom breiten Publikum eingesehen werden. Oder besser gesagt, sie *könnten* eingesehen werden – wenn diese Möglichkeit auch genutzt würde. Insbesondere die Resultate der amerikanischen Wetterdienste stehen öffentlich und unentgeltlich zur Verfügung (die europäischen Wetterdienste stellen meist nur eine Auswahl zur Verfügung oder verlangen eine Gebühr). Das eröffnet jedermann die Möglichkeit, nicht nur eine fertige Prognose anzusehen oder anzuhören, sondern sich selbst ein Bild über die Abläufe in der Atmosphäre zu verschaffen. **Alles, was dazu notwendig ist, sind ein paar grundlegende Kenntnisse und der Mut, auf das Feld «für Profis» zu klicken.**

Sie werden nicht unbedingt eine bessere Prognose als die «Profis» machen. Aber Sie werden die Sicherheit einer Prognose besser einschätzen können und wissen, was neben der «offiziellen» Prognose auch noch passieren könnte. Dies ist in vielen Situationen sehr wertvoll. In der Zeitung oder im Fernsehen erfahren Sie meist nur die wahrscheinlichste Entwicklung. Vor allem bei

Prognosen auf zwei, drei oder vier Tage hinaus erlaubt Ihnen eine eigene Prognose beispielsweise einzuschätzen, ob Sie sich auf den Sonnenschein, der in drei Tagen angekündigt ist, verlassen können, oder ob Sie mit dem Einkaufen des Grillguts besser noch zuwarten, weil es auch regnen könnte. Oder ob Sie im Falle einer Regenprognose die Bergtour schon absagen müssen oder noch Hoffnung besteht, weil sich die Prognose noch ändern und der Regen vielleicht auch ausbleiben könnte.

Wenn Sie sich die dazu nötigen Kenntnisse verschaffen möchten, lesen Sie die folgenden Seiten. Sie brauchen dazu weder spezielles Wissen zu Physik noch zu Meteorologie, nur etwas Interesse, Neugierde und Motivation. Einige spezifischere Erklärungen, die für das Verständnis der Prozesse hilfreich, für das Erstellen einer Prognose jedoch nicht unbedingt notwendig sind, finden sich jeweils als **«Exkurse»** in einem Kasten. Ich habe zudem versucht, die Erklärungen in einer Alltagssprache zu verfassen und Fachausdrücke soweit wie möglich zu vermeiden. Am Ende des Buches finden Sie außerdem Übungsbeispiele, damit Sie das Gelesene anwenden können.

Die Qualität der abgebildeten realen Prognosekarten entspricht der Auflösung, wie Sie sie im Internet finden. Diese Karten werden für die Web-Darstellung verwendet und sind zum Zeitpunkt der Drucklegung dieses Buches nicht in höherer Auflösung verfügbar.

2

Das Wetter

oder der Wille der Natur,
kalte und warme Luft zu
mischen

Dieses Kapitel beschreibt kurz und einfach, wie Wetter überhaupt entsteht. Dieses Wissen hilft, die Wetterabläufe besser zu verstehen und einschätzen zu können.

2.1 Die Wetterschicht in der Atmosphäre

Die Erde besitzt wie viele andere Planeten eine Atmosphäre, d. h. eine Gashülle, welche sie umgibt. Diese Hülle reicht Dutzende von Kilometern ins Weltall hinaus und wird mit zunehmender Höhe über der Erdoberfläche immer dünner. Da diese Gashülle unter anderem Sauerstoff enthält, ist Leben auf der Erde überhaupt möglich.
Das Wetter spielt sich nur im untersten Bereich dieser Lufthülle ab, genauer gesagt in den untersten rund 9 bis 15 Kilometern (siehe Abbildung 3). Diese Schicht heißt «Troposphäre» und ist im Allgemeinen von unten nach oben gut durchmischt.

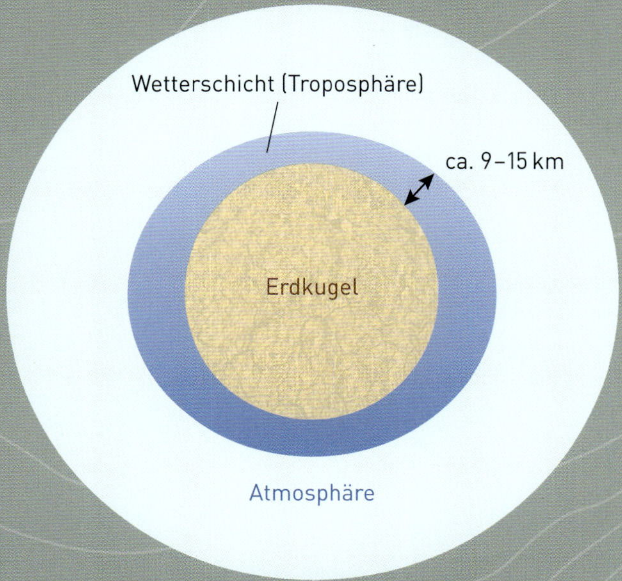

Abb. 3 Die Erdatmosphäre im Querschnitt. Die Wetterschicht ist an den Polen rund 9–10 km hoch und reicht in den Tropen auf bis zu 15 km Höhe hinauf.

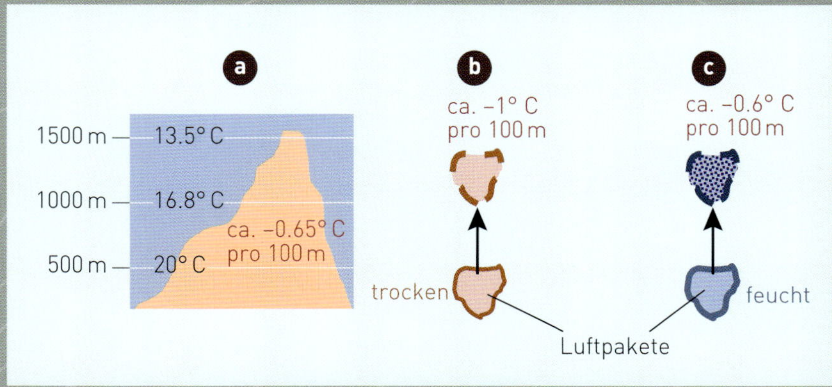

Abb. 4 Temperaturabnahme mit der Höhe.

Exkurs: Der vertikale Aufbau der Wetterschicht

Eine wichtige Eigenschaft der Wetterschicht ist die Abnahme von Temperatur und Druck mit der Höhe.

Druck

Der Luftdruck entspricht dem Gewicht der Luftmasse, die sich oberhalb einer Messfläche befindet. Wenn ich in die Höhe steige, nimmt diese Masse ab und somit sinkt auch der Druck, allerdings nicht gleichmäßig linear. Der Druck wird in hPa (Hektopascal) angegeben. Auch heute noch findet man teilweise Angaben in der alten Einheit mbar (Millibar), wobei gilt: 1 mbar = 1 hPa.
In der folgenden Übersicht sind die Druckwerte aufgeführt, die in Wetterkarten verwendet werden, sowie die ungefähre Höhe über Meer, in welcher sie gemessen werden:

1000 hPa	ca. Meereshöhe
850 hPa	ca. 1500 m ü. M. (Voralpen, Mittelgebirge)
700 hPa	ca. 3000 m ü. M. (höhere Alpengipfel)
500 hPa	ca. 5500 m ü. M.
300 hPa	ca. 9000 m ü. M. (Mount Everest)

Temperatur

Da die Temperatur unter anderem vom Luftdruck abhängig ist, nimmt auch sie mit der Höhe ab. Dabei sind drei «Gradienten» (Maße für die Änderung mit der Höhe) zu unterscheiden (siehe Abbildung 4).

a) Die Temperaturabnahme mit der Höhe, wenn ich selber in die Höhe steige (statischer Temperaturgradient). Beim Abstieg nimmt die Temperatur entsprechend zu.

b) Die Temperaturabnahme in einem trockenen Luftpaket, das aufsteigt, z. B., weil es wärmer ist als die Umgebungsluft.

c) Die Temperaturabnahme in einem feuchten Luftpaket, das aufsteigt. Die Temperaturabnahme in einem aufsteigenden feuchten Luftpaket ist geringer, weil Wasserdampf kondensiert, dabei Wärmeenergie frei wird und die Luft deshalb weniger abkühlt.

2.2 Der Motor des Wetters: Unterschiedliche Sonneneinstrahlung

Die Energie für das Wettergeschehen stammt – wie für das Leben auf der Erde allgemein – grundsätzlich von der Sonne. Die Sonnenstrahlung liefert die Wärme für die ganze Atmosphäre. Sie bestimmt im Wesentlichen das *Klima*, d. h. die durchschnittliche Temperatur auf der Erde. Der Hauptantrieb für das Wettergeschehen ist jedoch nicht die Sonnenstrahlung an sich, sondern die *unterschiedliche geografische Verteilung*, mit der die Strahlung auf die Erde trifft. Die wesentlichen Unterschiede von Klima und Wetter sind in einem Exkurs beschrieben.

Da die Erde rund ist, die Sonnenstrahlen jedoch aus großer Entfernung parallel auf die Erde treffen, fällt die Strahlung am Äquator im Durchschnitt senkrecht auf die Erdoberfläche, an den Polen hingegen nur ganz flach (mit Winkel ∂; siehe Abbildung 7). Die Energieeinstrahlung pro Fläche ist umso geringer, je kleiner ∂ ist.

Aufgrund der ungleichen Stärke der Sonnenstrahlung erwärmen sich die Erdoberfläche und damit auch die darüber liegende Luft unterschiedlich stark. Die Luft ist über dem Äquator viel wärmer als über den Polen. **Es ist im Wesentlichen dieser Temperaturunterschied, der das Wettergeschehen auf der Erde antreibt:** Temperaturunterschiede in einem Gas (oder auch in einer Flüssigkeit) haben aus physikalischen Gründen grundsätzlich die Tendenz, sich auszugleichen. Die Natur «will» keine Wärmeunterschiede. So entstehen Luftströmungen, die Wärme und Feuchtigkeit transportieren und so das «Wetter» generieren.

Exkurs: Unterschiede zwischen Wetter und Klima

Das **Klima** ist das *durchschnittliche Wetter* über einen längeren Zeitraum. Oft wird dazu der Durchschnitt der verschiedenen Wettercharakteristiken (Temperatur, Feuchtigkeit, Windrichtung und -geschwindigkeit u.a.) über 30 Jahre berechnet. Das **Wetter** hingegen ist der *aktuelle Zustand der Luftschicht an einem bestimmten Ort über einige Stunden hinweg.*

Die Zeitdauer und die Durchschnittsbildung sind jedoch nicht die einzigen Unterschiede. Auch die Treiber von Klima und Wetter sind unterschiedlich. Während das Wettergeschehen wie beschrieben durch die *räumlichen Unterschiede* des Energiezuflusses angetrieben wird und davon abhängt, wie *die Energie innerhalb der Atmosphäre verteilt* wird, wird das Klima der Erde durch die *Gesamtmenge des Energiezuflusses* bestimmt. Wird z.B. die Sonnenstrahlung allgemein stärker, weil die Sonne «aktiver» ist und mehr Energie ausstrahlt, so wird die Erdoberfläche im Durchschnitt wärmer und das globale Klima damit auch. Ähnliches geschieht, wenn ein großer tropischer Vulkan ausbricht und die Aschepartikel die Sonnenstrahlung von der Erde abhalten (das Klima wird kühler). Als Beispiel sei hier der indonesische Vulkan Tamboro genannt, dessen Ausbruch 1815 zum sogenannten «Jahr ohne Sommer» 1816 führte (die Folgen waren noch bis 1819 spürbar). Befinden sich mehr Treibhausgase in der Atmosphäre, welche die Wärmeabstrahlung der Erde aufnehmen, erwärmt sich das Klima.

Abb. 5 Wetterstation. Hier werden alle notwendigen Parameter gemessen (Temperatur, Windrichtung und -geschwindigkeit, Feuchtigkeit, Sonnenstrahlung etc.). Aus den Daten von Tausenden solcher Stationen aus der ganzen Welt sowie weiteren Messungen wird mit einem Computermodell ein dreidimensionales Bild der Atmosphäre berechnet.

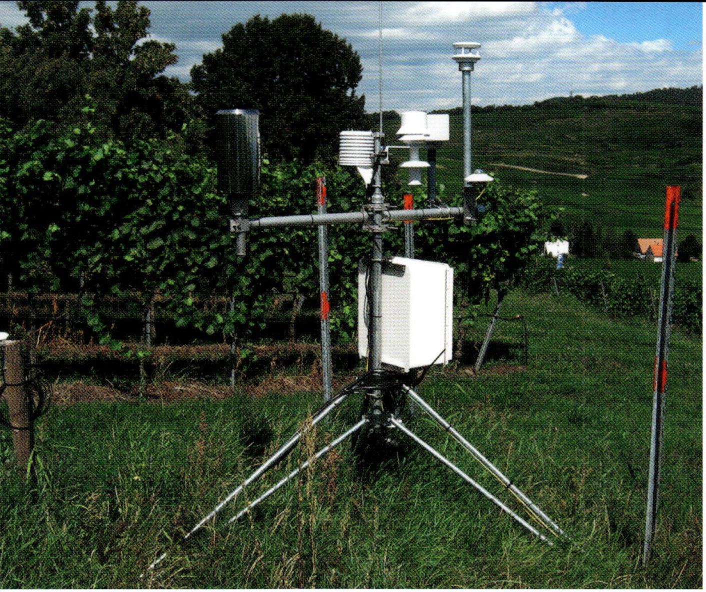

Abb. 6 Die Sonnenstrahlung liefert die Wärme für die ganze Atmosphäre.

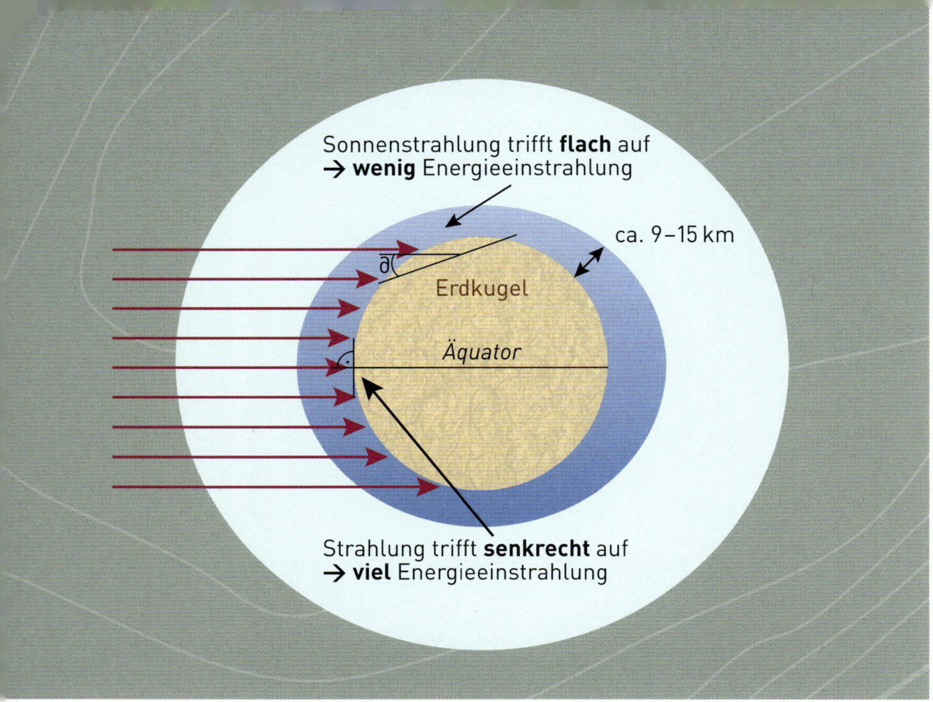

Abb. 7 Energiezufluss auf die Erde. In den Polregionen ist der Einfallswinkel der Sonnenstrahlung (∂) sehr flach, am Äquator trifft die Strahlung senkrecht auf die Erde.

Abb. 8 Sonnenuntergang in der Arktis. Die Sonne steht in der Arktis oft nur wenig über dem Horizont oder geht gar nicht auf und spendet deshalb viel weniger Wärme als in mittleren Breiten oder in den Tropen.

2.3 Die Erddrehung macht das Wetter so komplex

Würde sich die Erde nicht drehen, wäre alles ganz einfach. Der Temperaturunterschied könnte sich durch eine einfache Strömung ausgleichen: Die am Äquator erwärmte Luft würde aufsteigen, in der Höhe nach Norden fließen, sich dort abkühlen, absinken und am Boden wieder nach Süden fließen. Wir hätten damit in Bodennähe einen konstanten Wind vom Pol in Richtung Äquator, d.h. auf der Nordhalbkugel konstanten Nordwind (siehe Abbildung 9). Dieser würde einzig durch Gebirgszüge und die Temperaturunterschiede zwischen Ozeanen und Landoberflächen etwas verändert.

Die folgenden Betrachtungen beziehen sich der Einfachheit halber nur auf die Nordhemisphäre. Die beschriebenen Phänomene treten entsprechend auch auf der Südhemisphäre auf.

Da sich die Erde dreht, entsteht ein komplexes System von Ausgleichsströmungen. Die Strömung kann nicht mehr ungehindert von Norden nach Süden fließen und umgekehrt. Die Gründe dafür sind Folgende (vgl. Abbildung 10):

a) Die Umlaufgeschwindigkeit der Erde ist am Äquator viel größer als am Nordpol. Ein Ort am Äquator legt pro Tag rund 40 000 km zurück, das sind ca. 1670 km/h; auf der geografischen Breite der Alpen liegt die Geschwindigkeit nur noch bei rund 1150 km/h; die Eisfläche direkt am Nordpol dreht sich nur am Ort (Geschwindigkeit 0).

b) Die Luft bewegt sich grundsätzlich mit der Erdoberfläche und behält diese Geschwindigkeit bei, wenn sie nach Norden strömt.

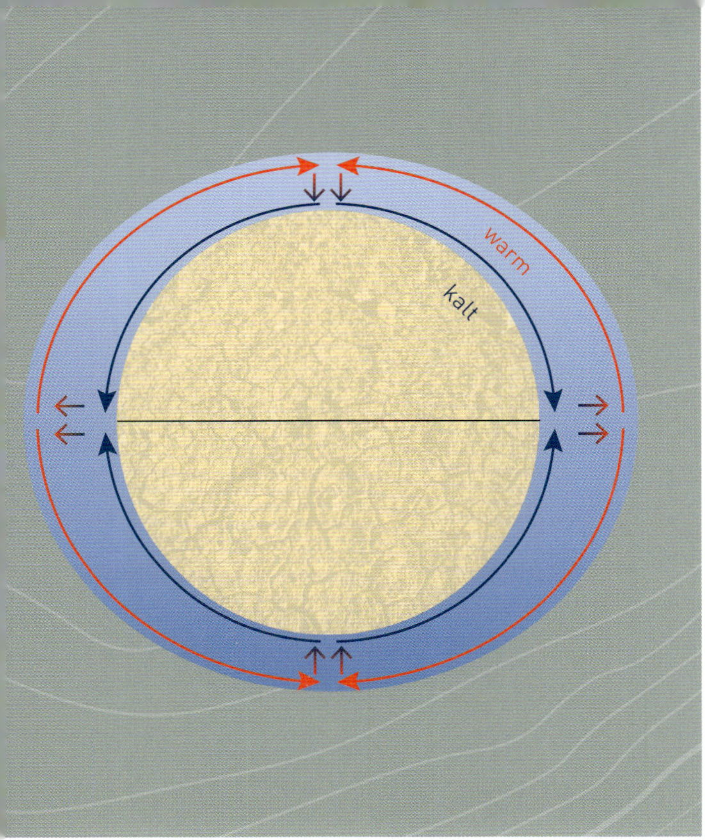

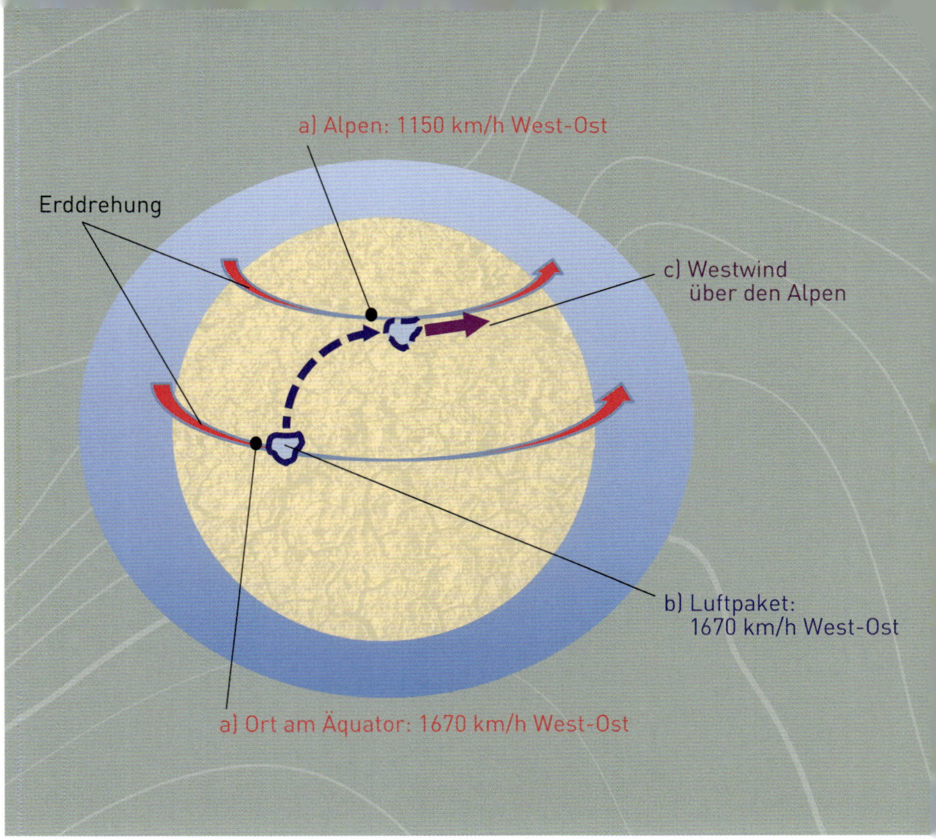

Abb. 9 Theoretisches Windsystem ohne Erddrehung im Querschnitt. Die Luft würde in den Tropen erwärmt, aufsteigen, in der Höhe nach Norden fließen, sich dort abkühlen, zu Boden sinken und in Bodennähe wieder nach Süden zurückströmen.

Abb. 10 Ablenkung der Strömung wegen der unterschiedlichen Drehgeschwindigkeit auf verschiedenen Breitengraden – ausgelöst durch die Erdrotation. Beschreibung siehe Text.

c) Aus dem Süden heranströmende Luft bewegt sich deshalb schneller von West nach Ost als die darunter liegende Erdoberfläche. Sie wird – aus Sicht des Betrachters auf der Erdoberfläche – nach Westen abgelenkt und erzeugt eine Westströmung.
d) Aufgrund dieser Ablenkung kommt die Luft vom Äquator gar nicht mehr bis zum Nordpol und bleibt in einer Westströmung in den mittleren Breiten «gefangen».

Das gleiche gilt für Luft, die vom Nordpol Richtung Äquator strömt. Sie ist weiter im Süden langsamer als die Erdoberfläche und wird deshalb nach Osten abgelenkt. Damit wird der direkte Temperaturaustausch zwischen Pol und Äquator unterbunden.
Da jedoch der physikalische «Drang» zum Ausgleich des Temperaturunterschieds Pol–Äquator weiterhin da ist, muss sich die Atmosphäre einen anderen Weg für den Temperaturausgleich suchen: Ungefähr in der Mitte der Nordhemisphäre, also in den mittleren Breiten, entsteht eine **Temperaturgrenze zwischen kalter Luft in der Arktis und warmer Luft in den Tropen** (siehe Abbildungen 11 und 12).
Diese Zone wird im Fachjargon **«Polarfront»** genannt und
— ist durch starke Winde entlang der Temperaturgrenze geprägt,
— hat eine unregelmäßige Wellenform und
— zieht sich um die ganze Nordhalbkugel herum.

Die unregelmäßige Wellenform ist eine Folge der Rotationsgeschwindigkeit der Erde. Würde die Erde sich langsamer drehen, wäre der Temperaturaustausch zwischen Äquator und Pol mit einer regelmäßigen Wellenform möglich. Bei der gegebenen Drehgeschwindigkeit sind die Kräfte, welche die Strömung ablenken, zu groß. Der Temperaturaustausch ist nur mit dem

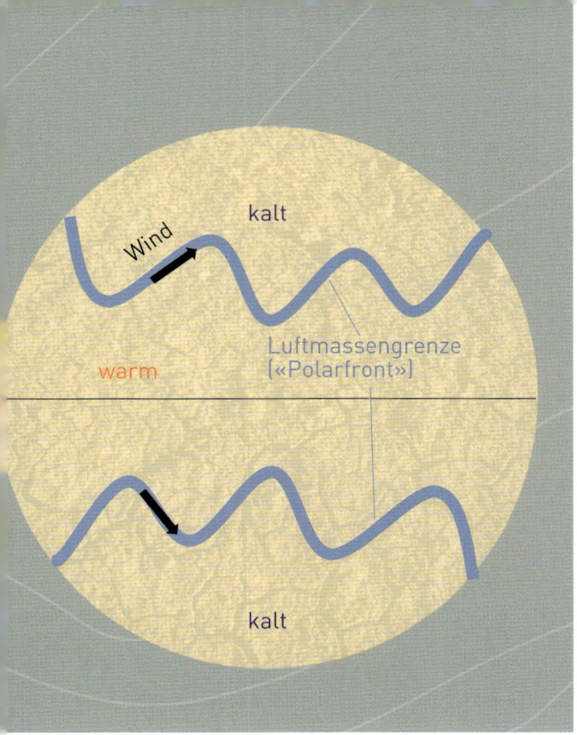

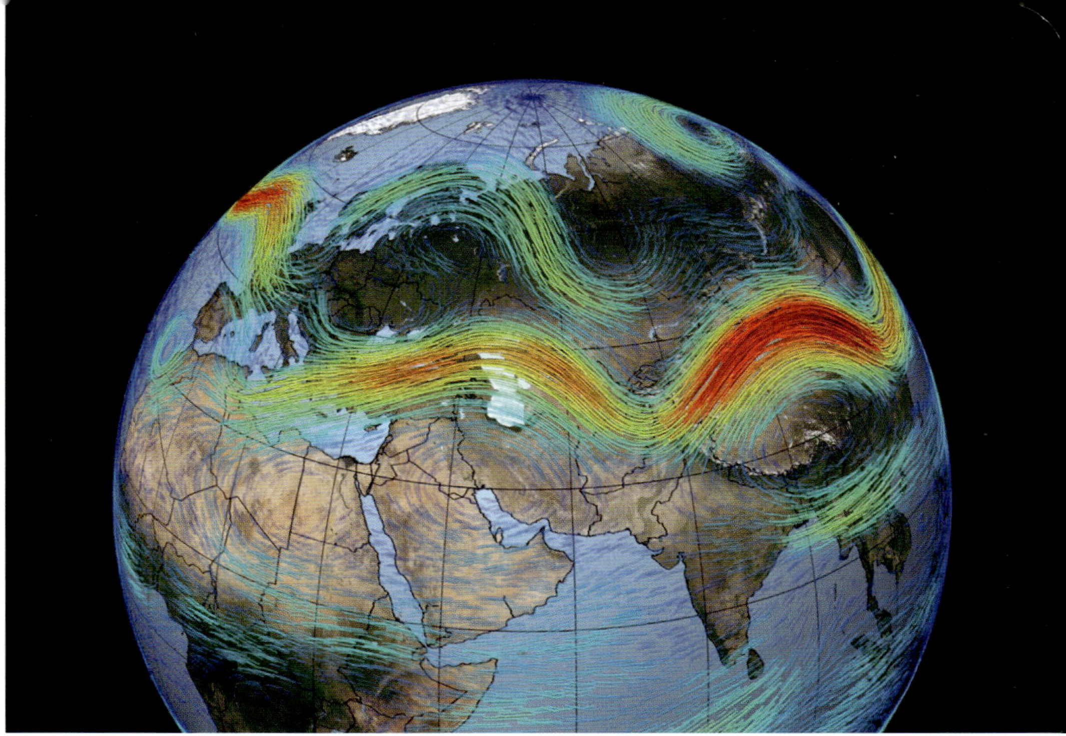

Abb. 11 Die Polarfront bildet die Grenze zwischen kalter Luft in der Polregion und warmer Luft in den Tropen.

Abb. 12 Computeranimation der Windströmungen in der Atmosphäre. Die wellenförmige Polarfront (farbig, mit hohen Windgeschwindigkeiten) ist klar erkennbar.

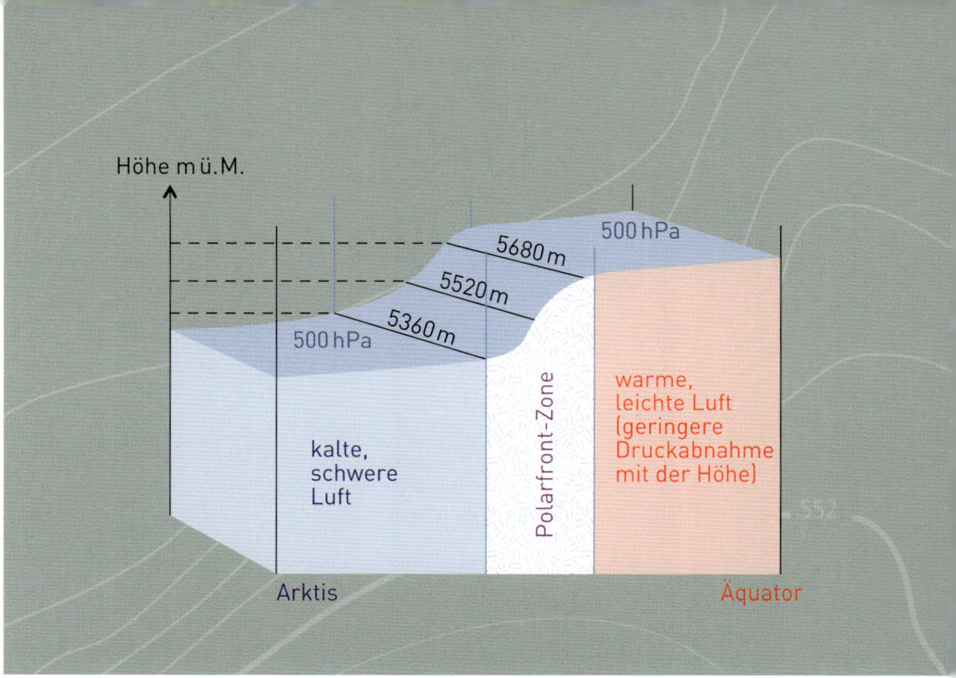

Abb. 13 Flugzeuge nutzen die hohen Windgeschwindigkeiten in der Polarfront, um mit «Rückenwind» schneller an ihr Ziel zu gelangen. In der Gegenrichtung weichen sie der Polarfront hingegen besser aus.

Abb. 14 Die 500-hPa-Fläche. In einer 500-hPa-Druckkarte sind die im Schema eingezeichneten schwarzen Höhenlinien dargestellt. In der Polarfront-Zone liegen diese Höhenlinien nahe beieinander.

beobachteten Wechsel zwischen kleinen und großen Wellen und unterschiedlichen Veränderungen der einzelnen Wellen (in Bezug auf die Ausdehnung in Nord-Süd-Richtung oder die Bewegung in West-Ost-Richtung) möglich. Experimente zeigen, dass die Wellenbewegung umso komplizierter wird, je schneller sich die Erde dreht.
Durch die großen Temperaturunterschiede an der Polarfront entstehen dort auch große Druckunterschiede: Weil warme Luft leichter ist als kalte Luft, nimmt in den Tropen der Druck mit der Höhe weniger schnell ab als in den Polregionen. Auf gleicher Höhe ist der Druck somit in der warmen Luft höher als in der kalten Luft. **In der Höhe bildet warme Luft immer ein «Hoch», die kalte ein «Tief»**.
Die Wettermodelle berechnen nicht die Druckverteilung für eine bestimmte Höhe, sondern das Relief bzw. den Höhenverlauf von Flächen mit gleichem Druck (siehe Abbildung 14). Im Folgenden wird vor allem die Höhenkarte der Fläche von 500 hPa wichtig sein.
Da man wie schon erklärt in warmer Luft höher steigen muss, bis der Druck auf – in diesem Fall – 500 hPa fällt, als in kalter Luft, liegt die 500-hPa-Fläche in warmer Luft höher als in kalter Luft. In der Polarfront-Zone fällt die Fläche relativ steil ab (siehe Abbildung 14), da sich dort die Grenze zwischen warmer und kalter Luft befindet. Dort, wo die 500-hPa-Fläche hoch liegt, befinden wir uns in einem Hochdruckgebiet, dort, wo sie tief liegt, in einem Tiefdruckgebiet.

Diese Druckfläche von 500 hPa und die Polarfront spielen im weiteren Verlauf dieses Buches eine ganz wichtige Rolle.

3

Die 500-hPa-Druckkarte -

eine Fülle von Informationen

Wie im Exkurs «Der vertikale Aufbau der Wetterschicht» in Kapitel 2.1, Seite 20 dargestellt, wird der Druck von 500 hPa ungefähr in 5500 m ü. M. gemessen. Dieser Wert gilt für den mittleren Zustand der Erdatmosphäre. In der Realität schwankt diese Höhe je nach aktueller Temperatur- und Druckverteilung mehr oder weniger stark. Die Bezugslinie «552» für 500 hPa, die einer Höhe von 5520 m ü. M. entspricht, wird in den Karten hervorgehoben, um die Orientierung zu erleichtern.

Die Wahl der Höhe von rund 5500 m – etwa auf halber Höhe der Troposphäre – hat den Vorteil, dass die Verhältnisse dort fast überall auf der Welt weder durch topografische Störeinflüsse wie Gebirge noch durch Störfaktoren in noch höheren Luftschichten wie z. B. Starkwindbänder («Jetstreams») beeinflusst werden.

Die 500-hPa-Druckkarte gibt einen guten Überblick über die aktuelle und zukünftige Wettersituation. Aus den Drucklinien lässt sich nicht nur der Druck ablesen, aus ihrem Verlauf können wir auch auf Temperatur, Windrichtung und Windgeschwindigkeit in der Höhe schließen. In den Karten, die man im Internet findet (Beispiel in Abbildung 15), sind oft neben den Drucklinien auch die Temperaturen auf der entsprechenden Höhe mit einem Farbcode dargestellt. Im Folgenden ist kurz beschrieben, was wir im Einzelnen aus der Karte ablesen können. Am Ende des Kapitels geht es darum, welche Schlüsse wir daraus für den Wettercharakter ziehen können.

Wenn im Folgenden von Hoch- und Tiefdruckgebieten die Rede ist, bezieht sich das immer auf das Niveau 500 hPa (bzw. rund 5500 m Höhe über Meer), nicht auf das Bodenniveau wie in den Wetterberichten.

3.1 Die Polarfront

Die Polarfront lässt sich in der 500-hPa-Druckkarte gut identifizieren: Sie bildet meist ein wellenförmiges Band, in dem die Drucklinien relativ nahe beieinanderliegen. Die «552er-Höhenlinie» liegt in der Regel etwa in der Mitte dieses Bandes und kann allgemein als «Markierung» der Polarfront dienen (siehe Abbildung 15). Manchmal können auch zwei «Arme» der Polarfront beobachtet werden (einer mehr nördlich, der andere mehr südlich), ähnlich wie in einem Fluss.

3.2 Luftdruck

Die 500-hPa-Druckkarte zeigt, wie schon erklärt, die Höhenlinien des Luftdruckes von 500 hPa, also das Relief der 500-hPa-Druckfläche (siehe Abbildung 14). Liegt diese Fläche vergleichsweise hoch, befinden wir uns in einem Gebiet hohen Druckes, liegt sie tief, so haben wir ein Gebiet mit tiefem Druck. Hoch- und Tiefdruckgebiete sind also sehr einfach erkennbar. Die Höhe ist meist in Dekametern (10 Meter) angegeben, die Höhenlinie «552», die in der Regel hervorgehoben ist (siehe oben), entspricht also beispielsweise einer Höhe von 5520 m ü.M.

3.3 Temperatur

Sofern die Temperatur nicht mit dargestellt ist, können wir ganz einfach davon ausgehen, dass in den Hochdruckgebieten grundsätzlich für die Jahreszeit warme Temperaturen herrschen, in den Tiefdruckgebieten kalte Temperaturen. Diese Übereinstimmung ist in der Karte in Abbildung 15, auf der auch die Temperatur dargestellt ist, sehr gut erkennbar. Die Temperaturverteilung gilt grundsätzlich auch für die darunter befindliche bodennahe Luftschicht. Das heißt: In einem Höhenhoch ist es auch in Bodennähe für die Jahreszeit warm, in einem Höhentief ist es auch in Bodennähe für die Jahreszeit kühl.

3.4 Windrichtung

Auch die Windrichtung lässt sich auf der 500-hPa-Karte sehr leicht ablesen. Der Wind weht nämlich genau entlang der Drucklinien. Zwischen zwei Drucklinien bleibt das Verhältnis der Abstände der Luftströmung zu den Linien etwa konstant. Die Übertragung der Windverhältnisse auf die bodennahe Luftschicht ist etwas schwieriger, da am Boden der Wind durch die Topografie abgelenkt wird (siehe Kapitel 5.5).

Abb. 15 Die 500-hPa-Karte. Die Höhe, in welcher der Druck 500 hPa beträgt, ist in Dekametern angegeben, «552» entspricht also 5520 m ü. M. Die Höhenlinie 552 liegt meist etwa in der Mitte der Polarfront. Der Wind weht parallel zu den Drucklinien, die Windgeschwindigkeit ist umgekehrt proportional zum Abstand der Drucklinien (d. h. je kleiner der Abstand, umso größer die Geschwindigkeit). Die Farben kennzeichnen die Temperaturen.

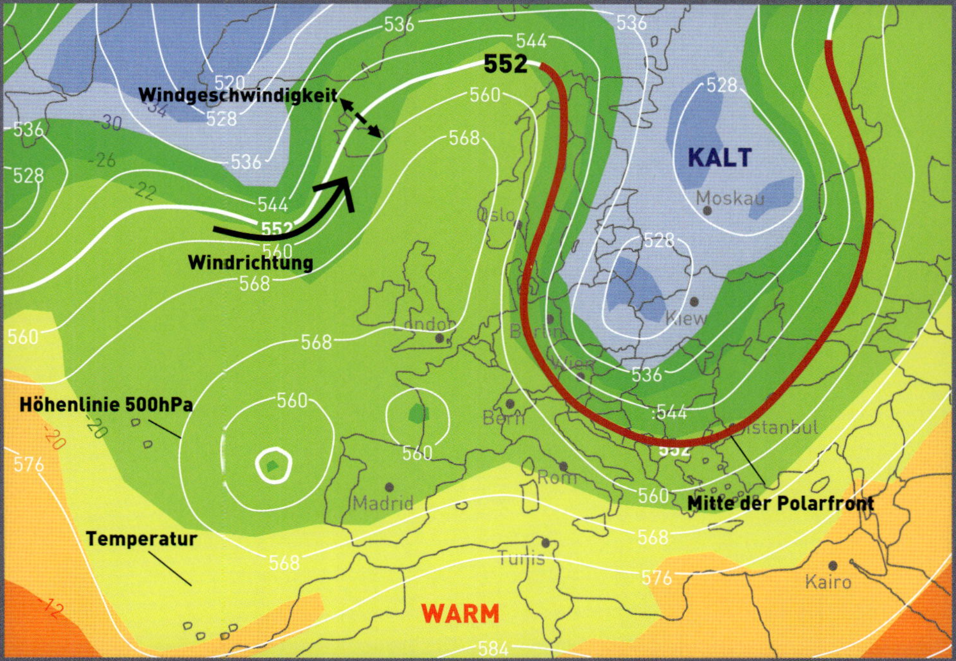

3.5 Windgeschwindigkeit

Auch die ungefähre Windgeschwindigkeit lässt sich abschätzen: Sie ist abhängig vom Abstand zwischen den Drucklinien. Je kleiner der Abstand, desto größer ist die Windgeschwindigkeit. Der absolute Wert ist für uns nicht so wichtig, da uns ja die Windgeschwindigkeit in 5,5 km Höhe (auf dem 500-hPa-Niveau) nicht sonderlich interessiert – es sei denn, wir möchten den Kilimandscharo oder den Mount Everest besteigen. Eine einfache Umrechnung in die Windgeschwindigkeit am Boden ist nicht möglich. Begnügen wir uns also vorläufig mit dem Wissen, wo die Gebiete mit vergleichsweise hoher, mittlerer und geringer Windgeschwindigkeit liegen.

3.6 Den Wettercharakter aus der 500-hPa-Druckkarte ablesen

Aus der 500-hPa-Druckkarte können wir auch einen Eindruck von der allgemeinen Wettersituation gewinnen. Dies gilt sowohl für die aktuelle Lage als auch für eine Vorhersage – 500-hPa-Karten werden bis zu 14 Tage im Voraus berechnet.
Grundsätzlich lassen sich auf der 500-hPa-Druckkkarte vier verschiedene Zonen mit einem typischen Wettercharakter in Bodennähe unterscheiden (siehe Abbildung 16).

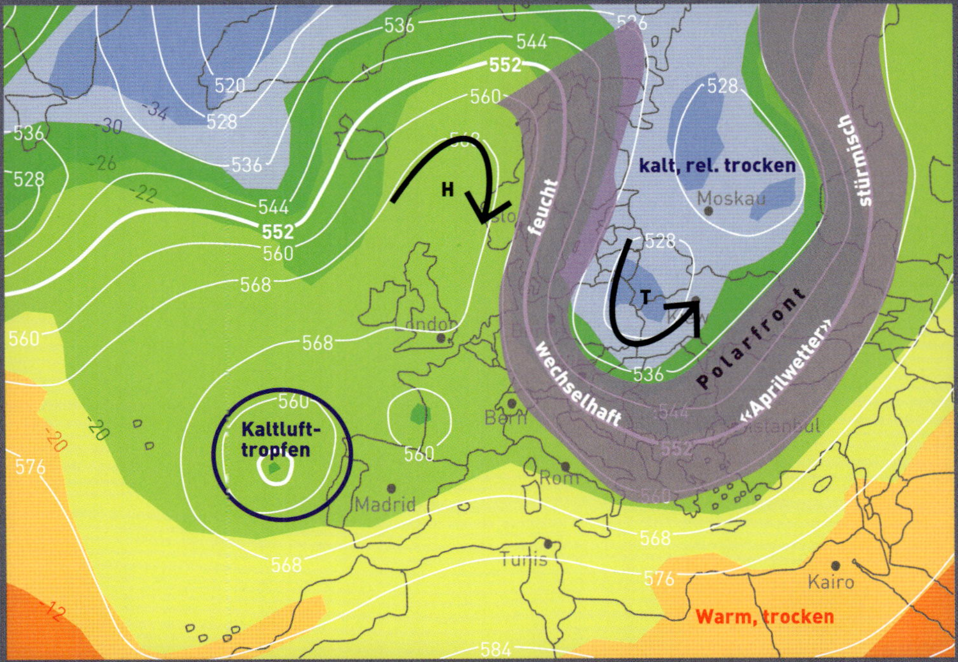

Abb. 16 Die Wetterzonen in der 500-hPa-Karte. Beispielhaft ist ein Abschnitt der Polarfrontzone violett gefärbt, ein typischer Kaltlufttropfen ist markiert. Die schwarzen Pfeile zeigen die Strömungsrichtung im Uhrzeigersinn um ein Hochdruckgebiet und im Gegenuhrzeigersinn um ein Tiefdruckgebiet.

Zone in der 500-hPa-Karte	Wettercharakter am Boden
Zone nördlich der Polarfront (tiefer Druck)	kühl bis kalt, relativ trocken, ruhiges Wetter
Zone südlich der Polarfront (hoher Druck)	warm bis heiß, sehr trocken, ruhiges schönes Wetter
Zone innerhalb der Polarfront	wechselhaft («Aprilwetter»), feucht, regnerisch, stürmisch
Zone unter einem Kaltlufttropfen	unberechenbar (siehe 4.5, Seite 66 f.)

Zudem können wir erkennen, in welche Richtung sich Wetterphänomene bewegen:

Tiefdruckwirbel, Niederschlagszonen, Gewitterzellen, Wolken, bodennahe Luftmassen etc. folgen ziemlich genau der Höhenströmung (d. h. den 500-hPa-Drucklinien) von West nach Ost bzw. im Uhrzeigersinn um ein Hoch und im Gegenuhrzeigersinn um ein Tief herum.

Für die Beurteilung des aktuellen Wetters genügt ein Blick aus dem Fenster. Für die Prognose ist die Lage bezüglich der Polarfront aber sehr wichtig. Mit den 500-hPa-Karten ist nicht nur diese allgemeine Einschätzung möglich, sie helfen uns darüber hinaus auch, die Sicherheit einer Vorhersage und die Bandbreite der möglichen Wetterentwicklungen zu beurteilen. Dazu kommen wir nun ausführlich in den nächsten beiden Kapiteln.

4

Wettervorhersage

und Einschätzung ihrer Sicherheit anhand der 500-hPa-Karte

Aus den Resultaten der Computer-Wettermodelle werden die in Abbildungen 15 und 16 gezeigten Druck- und Temperaturkarten in Schritten von jeweils 3 bis 6 Stunden berechnet und gezeichnet, je nach Vorhersagezeitpunkt (bis 3 Tage im Voraus in 3-Stunden-Schritten, bis 10 Tage im Voraus in 6-Stunden-Schritten). Wenn man sich also ein Bild von der Entwicklung der Wettersituation über die nächsten Tage machen will, kann man sich diese Karten eine nach der anderen oder auch als Film anschauen. Dabei erhält man einen Eindruck von der Dynamik in der Atmosphäre. Man erkennt vor allem die Bewegungen der Polarfront und ihrer Wellen.

4.1 Die wichtigste Entwicklung: Die Wellenbewegungen der Polarfront

Richten wir unser Augenmerk zuerst auf die Bewegungen der Polarfrontwellen. Ein «Wellental» aus Kaltluft kann sich grundsätzlich auf zwei verschiedene Arten verändern (siehe Abbildung 17):

1. Es kann sich in südliche Richtung ausdehnen oder in selteneren Fällen auch in nördliche Richtung «zurückziehen»; bei der Ausdehnung gegen Süden spaltet sich oft der südlichste Teil der Welle ab und bildet einen «Kaltlufttropfen», während der nördliche Teil sich zurückzieht (siehe Abbildung 17, Skizze 1; Beispiel in der Wetterkarte in Abbildung 19).
2. Es kann sich wie eine Welle im Wasser von West nach Ost verschieben (siehe Abbildung 17, Skizze 2).

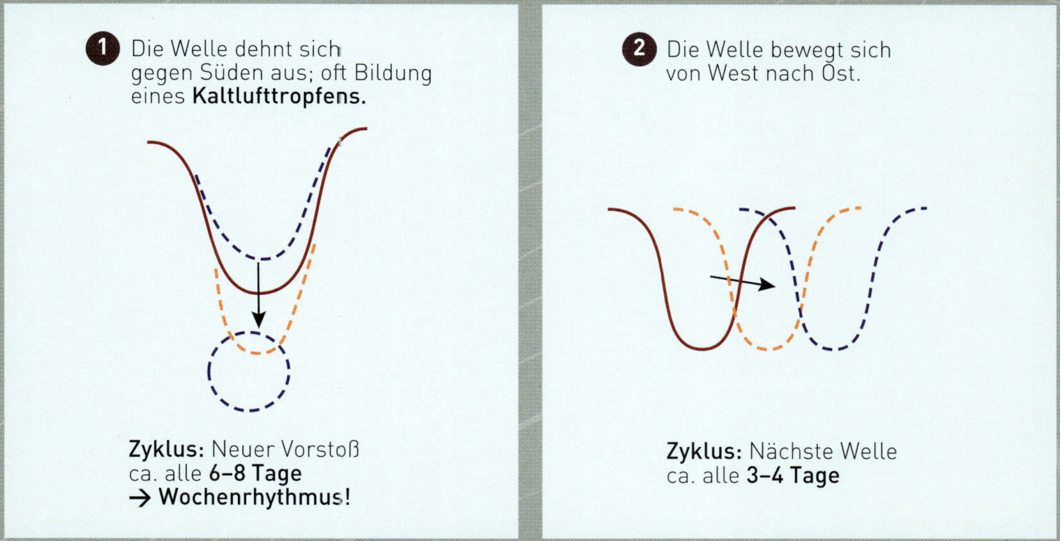

Abb. 17 Unterschiedliche Veränderungen der Polarfrontwellen am Beispiel eines «Wellentals»: Vorstoß von Kaltluft nach Süden in Skizze 1 (siehe auch Beispiel in Abb. 19) bzw. Wellenbewegung von West nach Ost in Skizze 2. «Wellenberge» verändern sich entsprechend (Vorstoß von Warmluft nach Norden oder Wellenbewegung von West nach Ost).

Abb. 18 Eine Kaltluftwelle über Nordamerika im Satellitenbild (grauer Bereich im Norden).

Entsprechende Bewegungsformen sind für die «Wellenberge» aus Warmluft zu beobachten (Vorstöße nach Norden, Wellenbewegung von West nach Ost). Manchmal kommt es auch zu einer Kombination der beiden Bewegungsformen: Zuerst erfolgt ein Vorstoß, anschließend bewegt sich die Welle nach Osten weiter.

Diese beiden Bewegungsmuster haben die Tendenz, sich über der gleichen Region mehrmals zu wiederholen. Auf einen Vorstoß in Richtung Süden folgt jeweils mit relativ hoher Wahrscheinlichkeit nach ein paar Tagen wieder ein gleichartiger Vorstoß. Auch die West-Ost-Bewegung der Wellen bleibt oft über längere Zeit erhalten, auf eine Welle folgt meist wieder eine ähnliche Welle. Es gibt also Phasen mit aufeinanderfolgenden Vorstößen und längere Phasen mit einer Wellenbewegung. Der Wechsel von der einen in die andere Phase erfolgt dabei ziemlich zufällig und ist nicht längerfristig vorhersehbar.

Die beiden Muster zeigen oft auch einen relativ regelmäßigen Zyklus: **Die Vorstöße folgen jeweils in einem Abstand von etwa 6–8 Tagen aufeinander, die West-Ost-Wellen etwa alle 3–4 Tage** (siehe auch Abbildung 17). Die Ursache könnte darin liegen, dass Kaltluftmassen sich bevorzugt dorthin bewegen, wo der Boden bereits kalt ist, und Warmluftmassen dorthin, wo der Untergrund schon warm ist.

Diese regelmäßigen Zyklen haben zur Folge, dass sich oft eine Art Wochenrhythmus einstellt, wobei mehrere Male nacheinander jeweils das Wochenende den gleichen Wettercharakter aufweist. Trifft die Phase zwischen zwei Kaltluft-Vorstößen auf das Wochenende, so ist das Wetter schön. Trifft jedoch der Vorstoß oder das Wellental jeweils am Wochenende ein, so ist das Wetter mehrmals nacheinander während der Woche relativ gut und am Wochenende schlecht. So

manchet verflucht dann Petrus oder das Schicksal oder den Zufall. Wir wissen nun, dass keiner der drei schuld ist, sondern dass es sich ganz einfach um eine physikalische Eigenheit der atmosphärischen Wellenmuster handelt bzw. von der Natur so vorgegeben ist.
Wenn Sie sich ab und zu die Prognosekarten genauer anschauen, werden Sie sehr bald ein Gefühl für die möglichen Bewegungen der Polarfrontwellen entwickeln.
Die Bewegungen und Veränderungen der Wellen sowie der Kalt- und Warmluftmassen sind relativ zufällig und beeinflussen sich immer gegenseitig. Es gibt also physikalisch gesehen keine «Steuerungszentren». Ein Tief «steuert» keine Fronten zu uns, genauso wenig wie ein Hoch das Wetter «blockiert», wie das in Wetterberichten oft bildlich beschrieben wird. Die Fronten und Tiefdruckwirbel folgen ganz einfach der Höhenströmung bzw. der Polarfront, und diese ist das Resultat des *Druckunterschieds zwischen Hochs und Tiefs* bzw. Warm- und Kaltluftmassen. **An der «Steuerung» des Wetters sind also immer ein Hoch und ein Tief in der Höhe gleichzeitig beteiligt.**
Es gibt Strömungsformen, wie z. B. die **Ω**-Form (wenn die Polarfrontzone in der Form eines Omega um eine Warmluftmasse herumströmt), die sich relativ lange halten können.

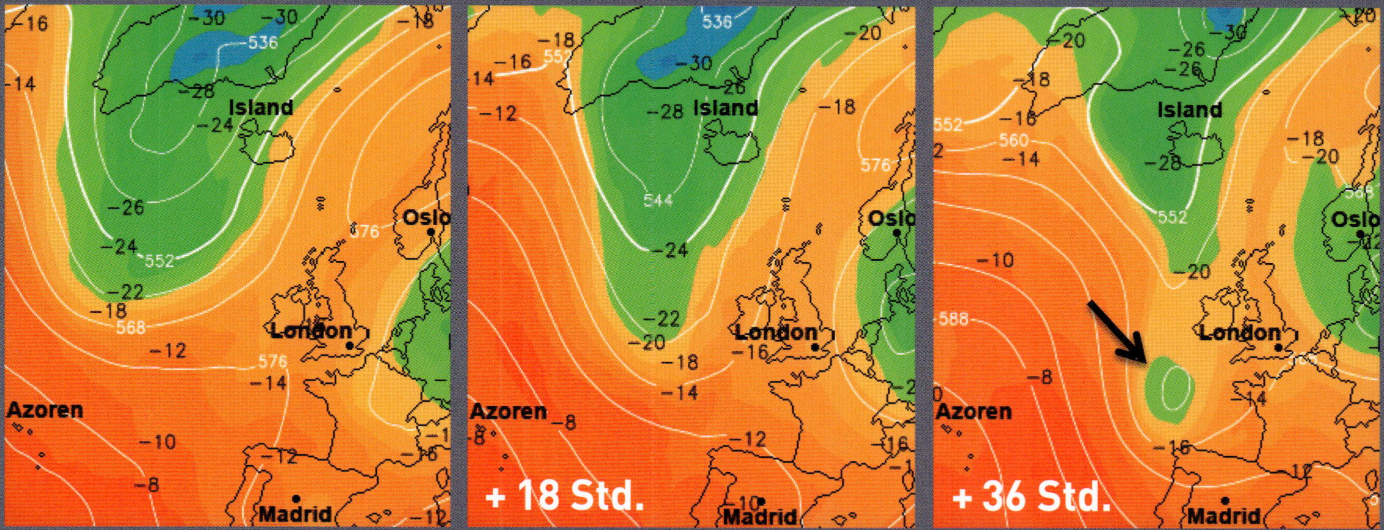

Abb. 19 Beispiel für die Ausdehnung eines Wellentals gegen Süden (mittleres Bild) mit anschließender Abspaltung eines Kaltlufttropfens (rechtes Bild, Pfeil).

4.2 Die Polarfront und die Bewegungsrichtung von Wetterphänomenen

Noch eine letzte Betrachtung zur Bewegung der Polarfront, bevor wir uns der Prognose zuwenden: Befinden wir uns in der Zone der Polarfront, so können wir zwei verschiedene Bewegungsrichtungen beobachten (siehe Abbildung 20):

a)	Wind strömt entlang der Polarfront. Die Wolken bewegen sich grundsätzlich in diese Richtung.
b)	Die Polarfront selbst verschiebt sich. Das geschieht oft quer zur Windrichtung.

Ein Beispiel (siehe Abbildung 20): Wolken bewegen sich grundsätzlich mit dem Höhenwind (a). Wenn wir (am schwarzen Punkt stehend) ein Wolkenband im Nordwesten betrachten, so treibt der Höhenwind (a) aus Südwesten die Wolken in Richtung Nordost an uns vorbei (entlang des durchgezogenen Pfeils a). Bewegt sich die Polarfront langsam Richtung Südosten (gestrichelter Pfeil b), so schiebt sich das Wolkenband langsam über uns, obwohl der Wind nicht aus dieser Richtung weht (in Abbildung 22 veranschaulicht). Ob dies geschieht, wissen wir nur, wenn wir die Bewegung der Polarfrontwellen kennen.

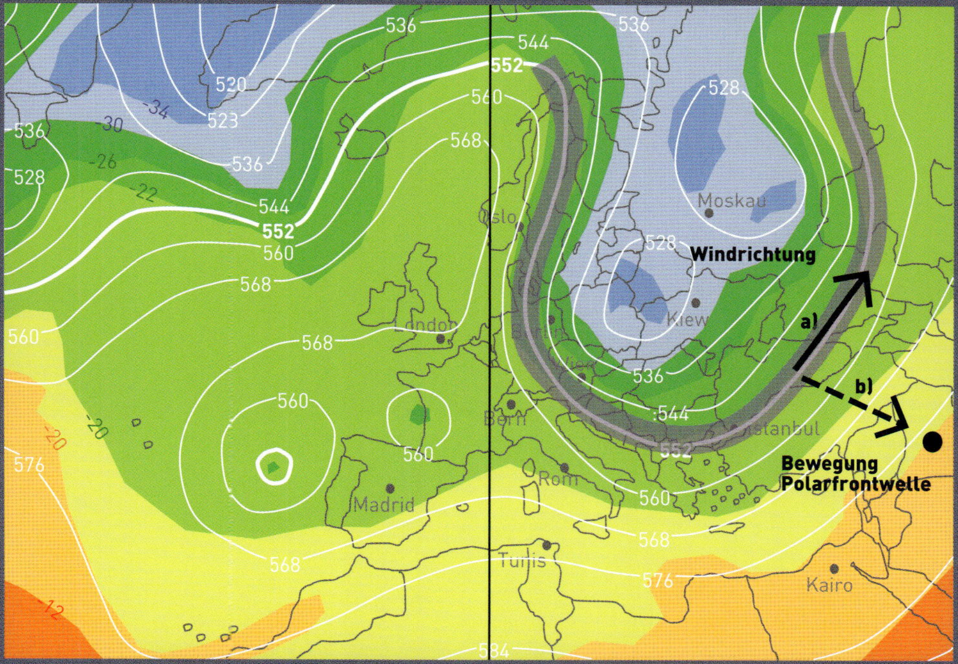

Abb. 20 Zwei Bewegungsrichtungen von Wetterphänomenen (Wolken, Tiefdruckwirbel u. Ä.) in der Atmosphäre: Die Wind-Strömung entlang der Polarfront (a) und die Verschiebung der Polarfront selbst (b).

Abb. 21 Die beiden Bewegungsrichtungen von Wolken im Zusammenhang mit der Polarfront: Die Zugbahn mit dem Wind in Windrichtung und die Verschiebung zusammen mit der Polarfront aus Sicht eines Beobachters.

Abb. 22 Satellitenbild eines Tiefdruckwirbels über Island. Solche Tiefdruckwirbel bewegen sich mit der in der 500-hPa-Karte ersichtlichen Strömung.

4.3 Die erste Einschätzung der Vorhersagesituation

Wenden wir uns nun der Vorhersage zu. Wir greifen dabei wieder auf das bereits in Ausschnitten betrachtete Wetterkarten-Beispiel zurück, das übrigens die 5-Tage-Prognose für den 20. April 2015 um 6 Uhr darstellt, berechnet am Mittwoch 15. April um 12 Uhr (siehe Abbildung 23). Wir nehmen nun anhand dieser Karte eine Einschätzung der Wettersituation für die Schweiz vor. Dabei gehen wir wie folgt vor:

1 Zunächst schauen wir uns die Lage der Schweiz bezüglich der Polarfront an:

Die Schweiz liegt knapp südwestlich der Polarfront-Zone. Das bedeutet relativ warmes, aber nicht heißes, und vorwiegend trockenes Wetter. Da die Polarfront nicht weit entfernt liegt, sind jedoch noch gewisse Auswirkungen möglich. So können Wolkenfelder auftreten, auch kürzere Phasen mit wenig Niederschlag sind nicht ganz ausgeschlossen.

2 Als Nächstes betrachten wir den Verlauf der Drucklinien:

Die Drucklinien in der Nähe der Schweiz verlaufen von Nordnordwest nach Südost. Der Abstand der Drucklinien ist nordöstlich der Schweiz relativ klein, südwestlich relativ groß. Die Schweiz liegt also in der Übergangszone von relativ starken zu relativ schwachen Winden. Wir haben deshalb in höheren Lagen allgemein mit moderatem Wind aus Nordnordwest zu rechnen, wobei die Windgeschwindigkeit von West nach Ost zunimmt (in tieferen Lagen spielen zusätzliche Faktoren eine Rolle, siehe Kapitel 5.5). Im Mittelland wird der Wind an den Alpen abgelenkt (siehe Kapitel 5.5) und es entsteht eine leichte Bise (Nordostwind). Eine solche Nordnordwest-Anströmung bedeutet auch eine leichte Nordföhnlage im Tessin und eine leichte Staulage auf der Alpennordseite, was dazu führen kann, dass vor allem im Osten geringe Stauniederschläge ausgelöst werden können. Auf die Wirkung der Alpen kommen wir später noch ausführlicher zurück (siehe Kapitel 5.6).

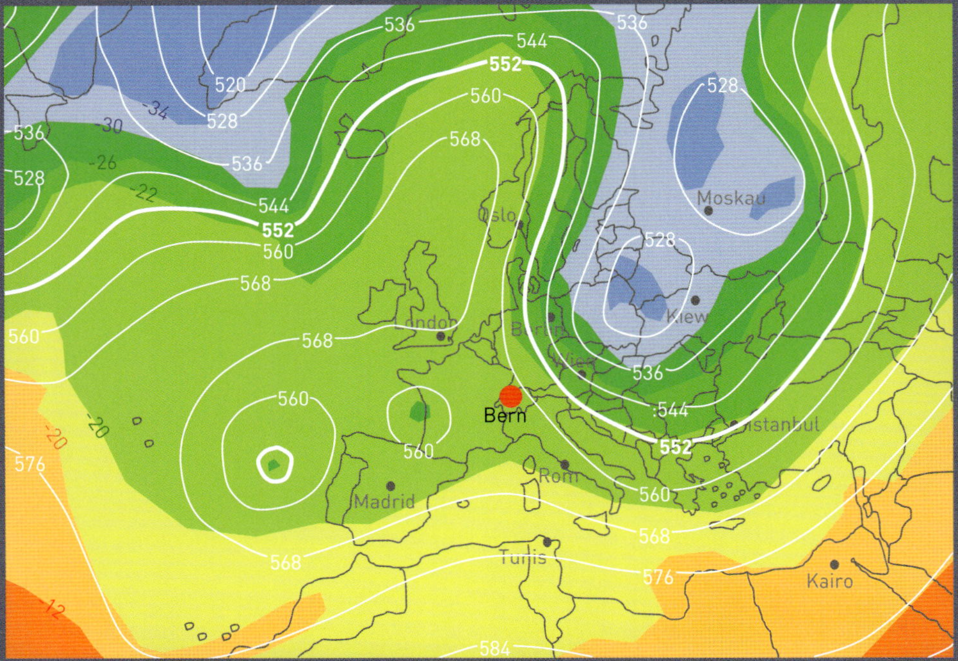

Abb. 23 Einschätzung der allgemeinen Wettersituation für Bern (roter Punkt): Lage knapp südlich der Polarfront, leichter Höhenwind aus Nordnordost.

In einer anderen Lage befinden sich hingegen beispielsweise Berlin und Wien. Beide Städte liegen mitten unter der Polarfront und haben entsprechend mit wechselhaftem Wetter mit Niederschlägen und teilweise starkem, kühlem Nord- bzw. Nordwestwind zu rechnen. Der genaue «Fahrplan» für die Niederschläge muss aus anderen Quellen abgeleitet werden. Darauf kommen wir in Kapitel 5.2 zu sprechen.
Schönes und warmes bis heißes Wetter ist demgegenüber z. B. in Tunis oder Kairo angesagt.

4.4 Die Einschätzung der Prognosesicherheit

Die Genauigkeit, mit welcher die Wettermodelle die zukünftige Wettersituation berechnen können, hängt vom betrachteten Zeithorizont ab: Je kurzfristiger die Prognose, desto genauer sind die Modellrechnungen, je langfristiger die Prognose, desto ungenauer und unsicherer sind sie. Die für den nächsten Tag berechnete 500-hPa-Druckkarte trifft die realen Verhältnisse meist ziemlich genau. Auch bei den Prognosen auf zwei bis drei Tage hinaus muss nicht mit großen Abweichungen gerechnet werden. Bereits bei Prognosen für den vierten Tag wird jedoch die Ungenauigkeit recht groß und nimmt für die folgenden Tage weiter stark zu. Eine auf sechs bis sieben Tage hinaus berechnete Wetterkarte ist schon kaum mehr brauchbar.
Der Grund für die zunehmende Ungenauigkeit liegt im chaotischen Charakter des Wettersystems. Ein Ausdruck davon ist der sogenannte «Schmetterlingseffekt» (siehe Exkurs).

Exkurs: Der «Schmetterlingseffekt»

Jeder Meteorologe, der mit Wettermodellen rechnet, weiß heute, was Edward Lorenz vor über 50 Jahren entdeckte: Werden beim Start einer Rechnung mit einem Wettermodell die Eingabedaten (z. B. die aktuelle Temperatur oder Windgeschwindigkeit) auch nur ein klein bisschen verändert, z. B. in den hintersten Komma-Stellen, so weichen die berechneten Wetterkarten zuerst kaum, dann aber immer stärker von der ursprünglichen Rechnung ab.
Die Vorstellung, dass ein Schmetterling in unserem Garten mit seinem Flügelschlag drei Wochen später einen Sturm in New York auslösen kann, ist natürlich nur bildlich gemeint. Damit soll ausgedrückt werden, dass eine ganz kleine Änderung in der Ausgangslage zuerst die unmittelbare Umgebung, mit zunehmender Zeitdauer jedoch auch das Wetter in einer immer größeren Region beeinflusst.
Die Veränderung des Wettersystems wäre eigentlich aufgrund der bekannten physikalischen Gesetze (z. B. Massenerhaltung, Energieerhaltung, Gasgesetz) vollständig bestimmt. Dies gilt jedoch nur unter der Voraussetzung, dass die Ausgangslage, das heißt die aktuellen Messwerte, überall und exakt bekannt ist. Und mit «exakt» ist hier *unendlich* genau gemeint. Auch Millionen von Kommastellen für jede Messgröße für jeden Millimeter der Atmosphäre wären noch zu ungenau. Dass wir diese Bedingungen nie werden erfüllen können, ist offensichtlich.
Ist die Ausgangslage nur ungenau bekannt, verhält sich das System «chaotisch», ist also nur über eine gewisse Zeitdauer mit einer bestimmten Genauigkeit berechenbar. Dies gilt insbesondere über den Ozeanen, wo über Hunderte von Kilometern gar keine Messwerte zur Verfügung stehen. Und das wird immer so bleiben. Wir müssen uns also mit dem «Chaos» abfinden. Mit großem Aufwand können wir zwar die Genauigkeit etwas verbessern, die Ungewissheit wird jedoch immer bleiben. Das liegt sozusagen in der Natur der Sache und nicht am fehlenden Wissen der Meteorologen.

Um die Ungenauigkeit der Prognose einschätzen zu können, führen die Wetterdienste die Prognoserechnung nicht nur einmal durch, sondern mehrmals, jeweils mit geringfügig veränderten Eingabedaten. Danach werden die Resultate aller Rechenläufe in einer Grafik übereinandergelegt (siehe Abbildung 24). Der Übersichtlichkeit halber werden nur einige wenige Drucklinien abgebildet, darunter auch die «552er-Linie». Jede Farbe steht für einen anderen Rechenlauf. Solche Bilder werden von den Meteorologen bildhaft «Spaghetti-Darstellung» genannt (siehe Abbildung 24). Dabei entspricht die schwarze Linie dem Durchschnitt aus allen Rechenläufen, deren Ergebnisse in der jeweiligen Druckkarte dargestellt sind.
Am Beispiel der Spaghetti-Darstellungen in Abbildung 24 können wir erkennen, wie sich die Ungenauigkeit bzw. Unsicherheit mit zunehmendem Prognosehorizont entwickelt. Betrachten wir dazu die Unterschiede in der Lage der «552er-Linie». Diese entspricht ungefähr der Mitte der Polarfront und markiert deren Verlauf.

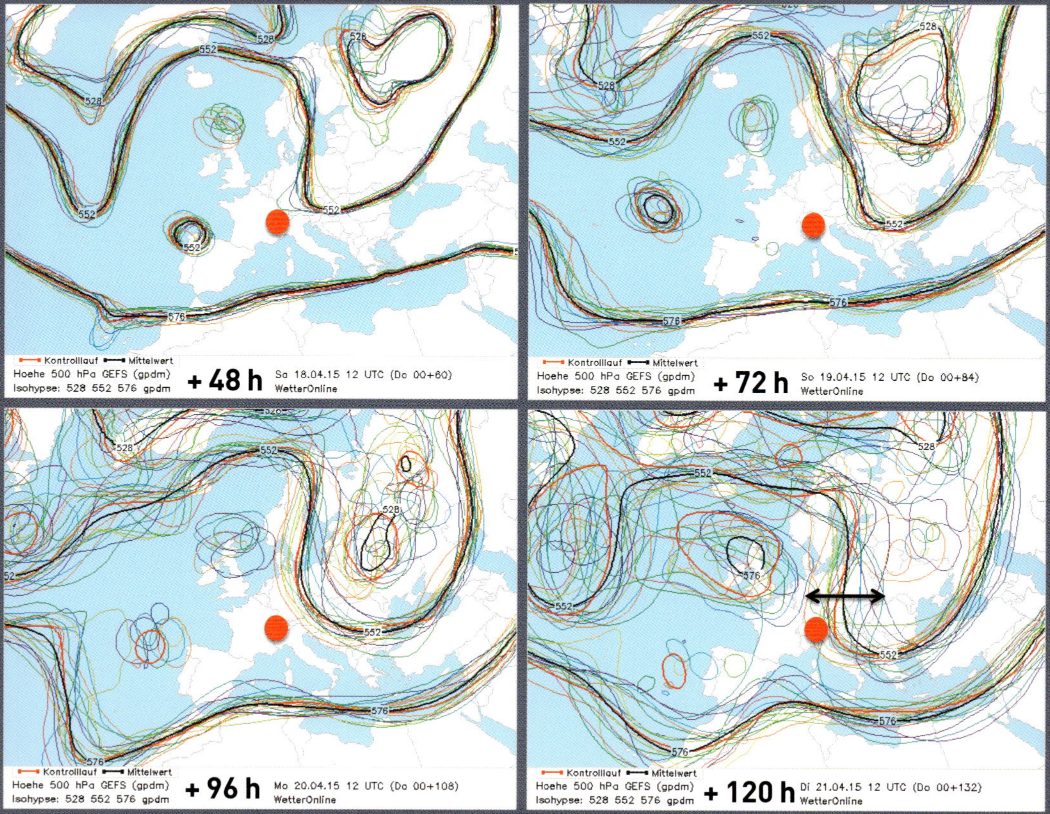

Abb. 24 «Spaghetti-Darstellungen» für eine Prognose über 2 (+48 h) bzw. 3, 4 und 5 Tage.

In der Prognose für +2 Tage (+ 48 h; d. h. 48 Stunden nach dem Start der Modellrechnung) variiert die Lage höchstens um etwa 300 km (das entspricht etwa der Breite der Schweiz, also der Breite des roten Punktes). Das heißt, die Lage der Polarfront kann auf beiden Seiten um bis zu 150 km von der in der 500-hPa-Druckkarte dargestellten abweichen.

In der Prognose für +3 Tage (+72 h) ist diese Variation über Mitteleuropa noch nicht viel größer, über Nordeuropa und südwestlich von Island aber mit ca. 600 km schon etwa doppelt so breit. Eine seitliche Abweichung von der Prognose um bis zu 300 km ist also möglich.

In den Prognosen für +4 Tage (+96 h) und +5 Tage beträgt die Variationsbreite über Zentraleuropa dann schon rund 1000 km (schwarzer Pfeil in der letzten Karte in Abbildung 24). Über dem westlichen Atlantik ergeben sich bei den verschiedenen Rechnungen schon ganz unterschiedliche Bilder.

Je größer die mögliche Variation der Lage der Polarfront ist, umso größer ist die Unsicherheit in der Prognose. Dieses Wissen können wir nun für die Beurteilung der Prognosesicherheit verwenden.

Wenn Sie **die Verlässlichkeit einer Vorhersage einschätzen** wollen, müssen Sie sich überlegen, wie sich eine geringfügige (für die nächsten 1–2 Tage) oder etwas stärkere (für 3–4 Tage im Voraus) Verschiebung der Drucklinien auf Ihre Prognose auswirken würde.
Als Richtwerte für die mögliche Verschiebung können grundsätzlich die oben angegebenen Werte **(seitliche Abweichungen von 150, 300 oder 500 km für die Prognosen +2, +3 oder +4 Tage)** dienen.

Betrachten wir dazu das Beispiel in Abbildung 25: Nehmen wir zunächst einmal an, bei der 500-hPa-Druckkarte in der Abbildung handle es sich um eine **2-Tage-Prognose**. In diesem Fall müssen wir damit rechnen, dass die Welle der Polarfrontzone über Mitteleuropa in der Realität etwas weiter südlich oder aber auch etwas weniger weit nach Süden vorstoßen könnte (dicke Pfeile). Ein stärkerer Vorstoß würde bedeuten, dass die Schweiz in den äußeren Bereich der Polarfrontzone zu liegen käme. Das Wetter wäre etwas unbeständiger, die Niederschlagswahrscheinlichkeit nähme zu. Im Fall eines weniger weit nach Süden reichenden Vorstoßes wäre die Polarfront so weit weg, dass schönes Wetter zu erwarten wäre und höchstens mit leichter Bewölkung gerechnet werden müsste. Die Unsicherheit der Prognose für die Schweiz wäre also in diesem Fall relativ groß: Die Bandbreite des möglichen Wetters reicht von «überwiegend sonnig» bis «es ist zeitweise mit Niederschlägen zu rechnen».

Befinden wir uns in der gleichen Prognose-Situation hingegen in den Ferien auf Sardinien (violetter Punkt in Abbildung 25), so ändert eine geringe Verschiebung der Polarfront kaum etwas. Das Wetter ist so oder so schön und für die Region und Jahreszeit vergleichsweise warm. Das gleiche gilt für Schottland (blauer Punkt). Auch für Niederösterreich (gelber Punkt) ändert sich die Situation bei einer geringen Verschiebung der Polarfront kaum: Eine Lage innerhalb der Polarfrontzone und damit wechselhaftes und kühles Wetter mit Nordwestwind ist in jedem Fall zu erwarten und damit sehr wahrscheinlich.
Nehmen wir nun an, es handle sich bei der Karte in Abbildung 25 um eine 4-Tage-Prognose. In diesem Fall nimmt die Unsicherheit stark zu. Wie wir in der Spaghetti-Darstellung gesehen haben, liegt der mögliche Schwankungsbereich der Polarfrontzone in der 4-Tage-Prognose bei bis zu 1000 km, die mögliche Abweichung von der Position in Abbildung 25 beträgt also auf

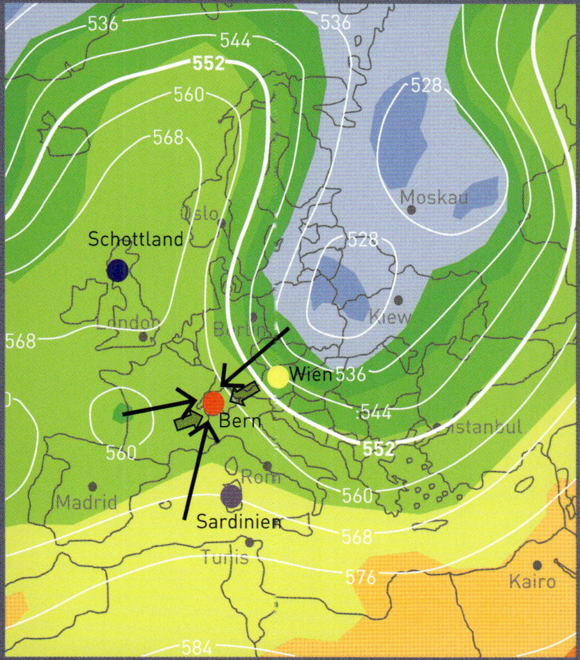

Abb. 25 Abschätzung der Prognosesicherheit für die Schweiz (roter Punkt). Die schwarzen Pfeile entsprechen den im Extremfall möglichen Verschiebungen der Drucklinien in einer 2-Tage-Prognose (dicke Pfeile) bzw. einer 4-Tage-Prognose (dünne Pfeile) in Bezug auf die Lage der Schweiz im Wettersystem. Interpretationen für andere Gebiete siehe Text.

beiden Seiten rund 500 km. Damit kann die Schweiz sowohl vom Rand der Kaltluft nördlich der Polarfrontzone erreicht werden als auch in dem Kaltlufttropfen zu liegen kommen, der in der Prognose über der Westküste Frankreichs eingezeichnet ist. Aber auch der Nordrand des subtropischen Hochdruckgebietes im Süden könnte bis zur Schweiz reichen (dünne schwarze Pfeile in der Abbildung). Bezüglich Wetter ist damit also noch praktisch alles möglich: von ziemlich kühlem, aber ruhigem Wetter über wechselhaftes Polarfrontwetter bis zu prächtigem Sommerwetter.

Auch für Schottland, Sardinien und Niederösterreich ist die Prognose in diesem Fall nicht mehr sicher. Die Polarfront könnte sich sowohl von Westen als auch von Osten über Schottland schieben, was eine warme Südströmung bzw. eine kalte Nordströmung bedeuten würde. Sardinien könnte von der Polarfront erreicht werden, sollte der Vorstoß viel weiter südlich reichen. Die Wahrscheinlichkeit, dass dieser Fall eintritt, ist allerdings relativ gering. Niederösterreich könnte bei einem viel schwächeren Vorstoß sogar außerhalb der Polarfront bleiben. Aber auch dafür ist die Wahrscheinlichkeit nicht sehr hoch.

Eine einigermaßen sichere Prognose lässt sich in diesem Fall z. B. noch für Moskau – bleibt fast sicher in der kühlen Luft – oder Tunesien – bleibt fast sicher in der warmen Luft – ableiten. In Tabelle 1 sind die beiden Szenarien noch einmal zusammengefasst.

Tabelle 1: Interpretation der 500-hPa-Karte in Abbildung 25 in Abhängigkeit von der Prognosedauer (+ 2 Tage oder + 4 Tage).

Ort	Lage zur Polarfront (PF)	Prognose-horizont	Bandbreite der möglichen Lage zur Polarfront	Einfluss auf Wettercharakter (mögliche Bandbreite)	Wetterprognose
Schweiz	knapp südlich der PF	+2 Tage	1. Südrand der PF 2. im Hoch südlich der PF	1. wechselhaft, einige Niederschläge 2. schön und warm	wahrscheinlich ziemlich schön; Niederschlag ist aber nicht ausgeschlossen
Sardinien	in der Warmluft	+2 Tage	keine wesentliche Änderung	keiner	schön und warm
Schottland	Zentrum Hoch	+2 Tage	keine wesentliche Änderung	keiner	schön und relativ warm
Niederösterreich	Mitte der PF	+2 Tage	keine wesentliche Änderung	keiner	wechselhaft, zeitweise auch heftige Niederschläge
Schweiz	knapp südlich der PF	+4 Tage	1. Südrand des Tiefs 2. Mitte PF 3. Kaltlufttropfen 4. im Hoch	1. kalt, ruhig 2. wechselhaft, kühl 3. unsicher 4. schön und warm	Wetter sehr unsicher; von warm bis kalt und trocken bis nass ist alles möglich.
Sardinien	in der Warmluft	+4 Tage	1. im Hoch 2. Rand der PF	1. schön, Warm 2. wechselhaft	wahrscheinlich schön und warm; es ist aber auch noch wechselhaftes Wetter möglich.
Schottland	Zentrum Hoch	+4 Tage	1. in PF, S-Strömung 2. in PF, N-Strömung 3. im Hoch	1. wechselhaft, warm 2. wechselhaft, kalt 3. schön, mild	Prognose eher unsicher; am wahrscheinlichsten schön, aber es ist noch alles möglich.
Niederösterreich	Mitte der PF	+4 Tage	1. im Tief 2. in PF 3. im Hoch	1. kalt, ruhiges Wetter 2. wechselhaft 3. schön und warm	wahrscheinlich eher wechsel-haft; aber auch schön und warm ist noch möglich.

Für die **Einschätzung der Sicherheit einer Wetterprognose** (einer eigenen oder einer aus den Medien) bzw. der **Bandbreite der möglichen Wetterentwicklungen** sind also folgende Faktoren zu berücksichtigen (vgl. Tabelle 1):

1. Die **Zeitdauer bis zum Prognosezeitpunkt** und damit das mögliche Ausmaß der Verschiebung der Polarfront aufgrund der Modellunsicherheit (seitliche Abweichung von 150, 300 bzw. 500 km für die Prognosen +2, +3 bzw. +4 Tage).
2. Die **Lage des Ortes in Bezug auf die Polarfrontzone** (und gegebenenfalls von Kaltlufttropfen): Könnte sich die Lage des Ortes in Bezug auf die Polarfrontzone (nördlich, innerhalb oder südlich) bei einer möglichen Verschiebung gegenüber der Prognose wesentlich verändern?
3. Die **Auswirkung von Veränderungen**: Welchen Einfluss könnten diese Veränderungen auf den Wettercharakter haben (siehe Beispiele im Text)?

Für «Fortgeschrittene» möchte ich noch zwei Bemerkungen zu Trends in den Wettermodell-Rechnungen machen: Beobachtet man die Entwicklung der Prognosen für einen bestimmten Tag, so kann man Folgendes feststellen:

1. Die Wettermodelle bilden die in Kapitel 4.1 beschriebene Tendenz zur Wiederholung von Strömungsmustern bzw. Kalt- oder Warmluft-Vorstößen kaum ab. So ist oft zu beobachten, dass die 7- oder 6-Tage-Prognose eine Veränderung des Strömungsmusters gegenüber der aktuellen Lage anzeigt (z. B. ein nächster Kaltluftvorstoß über dem Atlantik statt wie bisher über Mitteleuropa), die Prognose sich dann aber, je näher der Zeitpunkt heranrückt, immer mehr wieder an das «alte» Muster angleicht (d. h. ein Kaltluftvorstoß über Mitteleuropa).

2. Erkennt man in den Prognosen für einen bestimmten Zeitpunkt einen gewissen Trend, z. B. dass ein Kaltluftvorstoß von Prognose zu Prognose etwas weniger weit nach Süden vordringt oder dass sich eine Welle von Prognose zu Prognose etwas langsamer fortbewegt, so kann man davon ausgehen, dass sich dieser Trend mit relativ hoher Wahrscheinlichkeit noch weiter fortsetzen wird (d. h., der Vorstoß wird in der Realität noch weniger weit südlich reichen oder die Welle bewegt sich noch langsamer).

Diese Beobachtungen sind vor allem dann relevant, wenn man trotz der Unsicherheiten etwas weiter, d. h. mehrere Tage vorausblicken will. Vor allem der zweite Punkt kann in Einzelfällen oder in den Detail-Betrachtungen auch kurzfristig von Belang sein, z. B. wenn es um das Auftreten und die Intensität von Niederschlägen geht.
Weitere Hinweise auf mögliche Entwicklungen und Unsicherheiten bei Prognosen über vier oder mehr Tage hinaus können die Resultate anderer Wettermodelle geben (siehe Hinweise bei der Beschreibung der Wetterseite von wetteronline.de in Kapitel 6). Die Wettermodelle weisen einige Unterschiede in den einbezogenen Prozessen und der Art der Berechnung auf, die sich – neben geringfügigen Abweichungen bei den Ausgangsdaten – auf die Prognose auswirken können. Den hier verwendeten Kartenbeispielen liegt das «GFS»-Modell, das Global Forecast System der NOAA (National Oceanic and Atmospheric Administration der USA), zugrunde. Für längerfristige Prognosen stehen auch Resultate des Wettermodells des kanadischen Wetterdienstes («GEM») und eines weiteren amerikanischen Modells («NAVGEM») zur Verfügung.

4.5 Kaltlufttropfen – der Albtraum beim Erstellen von Wetterprognosen

Sogenannte *Kaltlufttropfen* sind hochreichende Kaltluftmassen, die sich bei einem Kaltluftvorstoß aus einer Polarfrontwelle abgelöst haben (siehe Abbildungen 15 bis 17).
Kaltlufttropfen nehmen die Strömungsbewegung aus der Polarfrontwelle mit und drehen sich wie ein Kreisel im Gegenuhrzeigersinn um sich selbst. Diese Kreiselbewegung bringt es mit sich, dass sich ein Kaltlufttropfen in der Atmosphäre völlig unkalkulierbar bewegt – in alle möglichen Richtungen und unbeeinflusst von den Kräften der Erddrehung. Er bewegt sich genauso unberechenbar wie ein Spielzeugkreisel auf dem Tisch.
Kaltlufttropfen sind ein Albtraum beim Erstellen von Wetterprognosen. Nicht nur können sie sich von einem Tag auf den anderen in eine andere Richtung bewegen, sie können aufgrund ihrer Rotation in der Atmosphäre auch ähnlich wie ein Mixer wirken. Sie können z.B. an ihrem Rand vertikale Luftbewegungen auslösen (nach oben oder unten) und dadurch innerhalb kurzer Zeit einerseits zu Wolkenbildung und auch zu Gewittern führen, anderseits aber auch vorhandene Wolken völlig auflösen (bei einer Absinkbewegung). Am kritischsten ist erfahrungsgemäß die Lage im Nordosten eines Kaltlufttropfens (siehe Abbildung 26). Hier kann wirklich alles geschehen, und das Wetter kann sich innerhalb kurzer Zeit stark verändern. Eine solche Lage ist beispielsweise vor einigen Jahren Höhlenforschern in den Pyrenäen zum Verhängnis geworden, als – trotz besten Wetterberichts – starke Niederschläge die Wasserpegel in der Höhle stark ansteigen ließen und die Gruppe dadurch eingeschlossen wurde.

In den Gebieten in und um einen Kaltlufttropfen sind kaum verlässliche Prognosen möglich, auch kurzfristig (halber bis ganzer Tag) nicht. Diese Gebilde sind zu unberechenbar, ihre Bewegungen werden auch von den Wettermodellen nur ungenügend wiedergegeben. Ist ein Kaltlufttropfen in der Nähe, gibt es beim Wetter nur eins: Prognose vergessen und einen Blick aus dem Fenster werfen, wenn's zählt!

Bei Lage nahe einem Kaltlufttropfen (insbesondere an der Nordostseite):
— **Hände weg von Prognosen!**
— **Keine heiklen, wetterabhängigen Unternehmungen!**

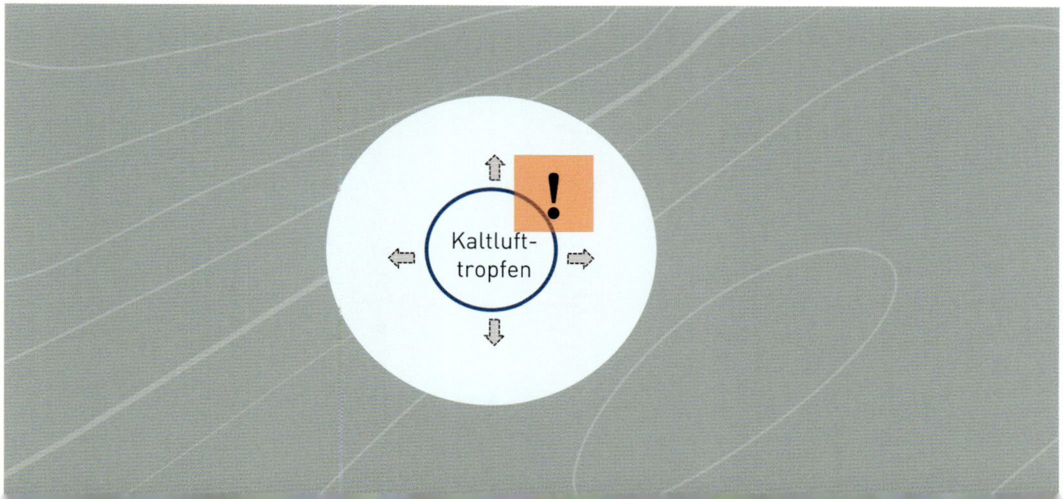

Abb. 26 Ein Kaltlufttropfen kann sich in alle Richtungen bewegen und die Bewegungsrichtung jederzeit wechseln. Besonders heikel für Prognosen ist die Nordostseite (Rechteck im Bild).

Allein schon diese Information kann sehr wertvoll sein. Und sie fehlt meist in den «offiziellen» Vorhersagen. Oder haben Sie schon einmal eine Wettervorhersage gehört wie: «Leider ist für morgen keine Prognose möglich. Es kann alles geschehen»? Trotzdem wäre dieser Satz manchmal angebracht. Aber wer will schon einen staatlichen Wetterdienst bezahlen, der keine Prognose liefert? Ab heute wissen Sie es besser ...

4.6 Nicht notwendig: Bodenwetterkarte, Zyklonenfamilien, Fronten ...

Vielleicht haben Sie sich schon gefragt, weshalb die Bodenwetterkarte mit all den Warm- und Kaltfronten und den Bodendruckgebieten hier überhaupt kein Thema ist, obwohl solche immer wieder in den Medien gezeigt werden. Wenn in den medialen Wettervorhersagen von Hoch «x» und Tief «y» die Rede ist, die uns in den nächsten Tagen schönes Wetter oder Regen bringen sollen, sind dabei nämlich immer nur Druckgebiete in Bodennähe gemeint. Jedes Wetterbuch und Meteorologie-Lehrbuch enthält vor allem ausführliche Erklärungen darüber, wie Warm- und Kaltfronten entstehen und welche Abfolge von Wolkenbildern sich daraus ergeben. Diese Kenntnisse sind zwar durchaus interessant und gehören für Meteorologen immer noch zum Standardwissen. Für die Erstellung von Prognosen und die Einschätzung der Wettersituation ist dieses Wissen heute jedoch kaum noch von praktischer Bedeutung.
Vor der Zeit der dreidimensionalen Wettermodelle mit hoher räumlicher Auflösung waren die Informationen über die Lage von bodennahen Druckgebieten sowie Warm- und Kaltfronten das A und O der Wettervorhersage. Dies vor allem deshalb, weil es die einzigen nutzbaren

Informationen waren und die Verhältnisse in der Höhe gar nicht bekannt waren. Heute haben wir jedoch andere, bessere und leichter verständliche Informationen zur Verfügung. Die Niederschlags- und Temperatur-Vorhersage-Karten liefern uns einfache und präzise Informationen darüber, was der Durchzug einer Front für uns bedeutet, ohne dass wir dies aus der Lage und Art der Front auf einer Bodenwetterkarte selber herleiten müssen. Letzteres wäre zudem schwierig, weil jede Front sich etwas anders verhält, je nach Fortbewegungsgeschwindigkeit zu mehr oder weniger Niederschlag führt und unterschiedliche Temperaturveränderungen bewirkt. Zudem ist das aus dem Geografieunterricht und Wetterbüchern allgemein bekannte Schema von Warm- und Kaltfronten in der Realität selten so schön ausgebildet wie im Lehrbuch.

Deshalb verzichten wir darauf, die Bodenwetterkarte mit Bodendruckgebieten, Warm- und Kaltfronten hier ausführlich zu diskutieren. Für unsere Prognosen brauchen wir sie nicht. Wer sich dafür interessiert, findet das in vielen Lehrbüchern ausführlich erklärt.

Wenden wir uns deshalb direkt den erwähnten Detail-Prognosekarten zu.

5

Detail-Prognosekarten

erlauben kurzfristige,
genauere Vorhersagen

Nachdem wir uns ein Bild über die allgemeine Wettersituation und deren Entwicklung in den kommenden Tagen – inklusive Unsicherheitsbereich – verschafft haben, möchten wir nun noch etwas detailliertere Aussagen machen können zu vier Größen, die uns je nach geplanter Aktivität interessieren: Temperatur, Bewölkung, Niederschlag und Wind. Die größte Bedeutung hat dabei wohl meist der Niederschlag, diesen schauen wir uns deshalb zuerst an.

Bei der Interpretation der Detail-Prognosekarten müssen wir immer im Hinterkopf behalten, dass es sich hier jeweils um die *wahrscheinlichste bzw. mittlere Prognosevariante* handelt. Die Information aus der 500-hPa-Karte zur Prognoseunsicherheit bzw. zur **Bandbreite der möglichen Entwicklungen** (vgl. Tabelle 1, Seite 63) müssen wir deshalb für die Planung **mit einbeziehen!**

Ist allgemein mehr oder weniger Niederschlag möglich, sind natürlich auch die detaillierteren Niederschlagskarten entsprechend unsicher (siehe folgender Abschnitt).

Bei der Nutzung von Wetter-Apps für lokale Prognosen muss die Unsicherheit der Wettersituation ebenfalls beachtet werden (in der App meist nicht angegeben!).

5.1 Niederschlag: Unsicherheiten nicht vergessen!

Eine allgemeine Information, ob Niederschlag überhaupt ein Thema ist, haben wir bereits aus der 500-hPa-Karte gewonnen Müssen wir mit Niederschlag in den nächsten Tagen rechnen, so können wir uns über die regionale Niederschlagskarte ein genaueres Bild hinsichtlich der ungefähren zeitlichen Abfolge und voraussichtlichen Intensität machen.

> Regionale Niederschlagskarten zeigen uns die erwartete Niederschlagssumme in mm über jeweils 3 Stunden für die nächsten drei Tage und über 6 Stunden für die darauffolgenden Tage (siehe Abbildung 25, Seite 61).

> Mit diesem detaillierteren Bild erhalten wir nun auch einen Eindruck vom groben zeitlichen «Fahrplan» der Niederschläge, z. B., wenn wir uns in der Polarfrontzone befinden.

Die Niederschlagsbildung im Sommer durch die Thermik, d. h. die Wolken- und Gewitterbildung aufgrund der Aufheizung im Tagesverlauf (siehe Kapitel 5.3 zu Gewittern), zeigt sich in den Niederschlagskarten durch die im Vergleich zur Nacht und zum Morgen deutlich erhöhten Niederschläge am Nachmittag.

Für die Prognose ist es übrigens nicht so wichtig, wodurch diese Niederschläge ausgelöst werden (z.B. durch eine Warmfront, eine Kaltfront oder die Hebung von Luftmassen über einem Hügel oder Gebirge).
Die Niederschlagskarte erlaubt uns eine Grobplanung von Tätigkeiten, die abhängig sind von den Niederschlagsverhältnissen. Es ist allerdings zu beachten, dass es sich dabei um die Summe in einem bestimmten Zeitraum und den Durchschnitt über eine bestimmte Fläche handelt. Ein leichter Dauerregen über einem großen Gebiet ergibt deshalb ein ähnliches Bild wie vereinzelte und örtlich begrenzte, aber kräftige Schauer (siehe Abbildung 27). Vor allem bei Niederschlagsmengen unter 5 mm in 6 Stunden kann es örtlich durchaus auch trocken bleiben (in Abbildung 28 z.B. über den Schweizer Alpen).

Abb. 27 Kräftiger Regenschauer, lokal begrenzt.

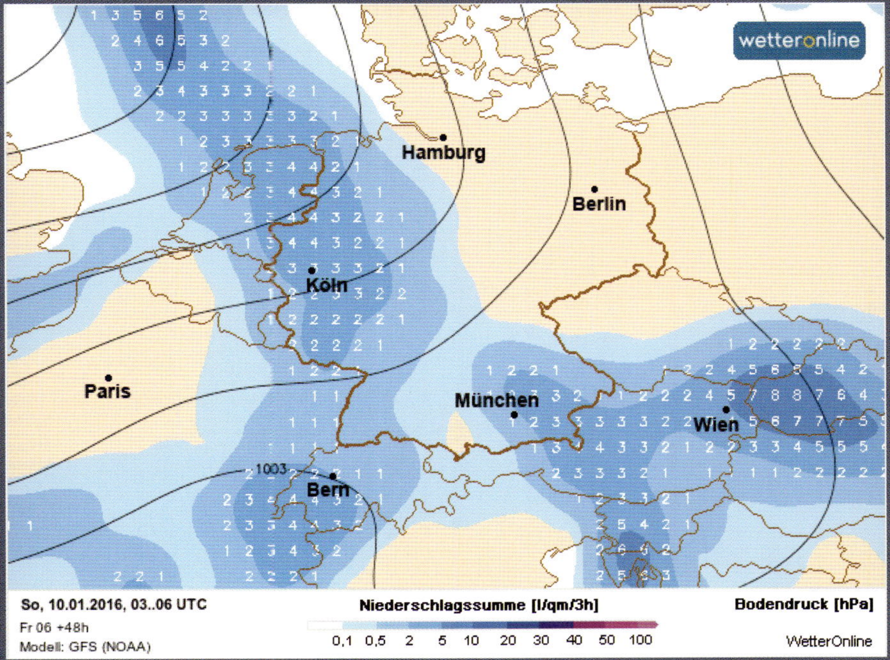

Abb. 28 Regionale Niederschlagsprognose für Mitteleuropa (Beispiel). Die Zahlen entsprechen der erwarteten Niederschlagssumme in mm in den angegebenen 3 Stunden (3–6 Uhr am 10. 1. 2016).

Wirklich brauchbare Detailinformationen zum Niederschlag liefern erst die Kurzfristprognosen für die nächsten 30 Stunden (siehe Niederschlagsradar, Kapitel 5.2).

Exkurs: Entstehung von Wolken und Niederschlag, Stabilität der Luftschichtung

Für die Entstehung von Wolken und Niederschlag sind folgende Prozesse von Bedeutung:
— Aufsteigende Luftmassen kühlen sich ab (vgl. Exkurs «Der vertikale Aufbau der Wetterschicht», S. 20).
— Kalte Luft kann weniger Wasser aufnehmen als warme Luft.

Eine Luftmasse steigt auf, wenn
a) sie wärmer ist als die Umgebungsluft,
b) sie beim Überströmen von einem Berg dazu «gezwungen» wird oder
c) an Luftmassengrenzen (Kalt- und Warmfronten) die warme Luft angehoben wird.

Dabei kühlt sich die Luft ab. Irgendwann wird sie so kalt, dass sie das vorhandene Wasser nicht mehr als Wasserdampf halten kann, und es bilden sich Wassertröpfchen (der Wasserdampf «kondensiert»). Wolken sind nichts anderes als eine Sammlung feinster Wassertröpfchen. Diese Wassertröpfchen schließen sich meist zusammen und bilden immer größere Tropfen. Sind die Tropfen groß und schwer genug, fallen sie als Niederschlag zu Boden. Ist der Aufwind in der Wolke sehr stark und die Wolke sehr hoch, können die Wassertröpfchen so hoch hinauf und in so kalte Luft getragen werden, dass sie gefrieren. So entsteht *Hagel*.
Ist der Aufwind so schwach, dass zwar Wolken entstehen, diese aber nicht sehr mächtig werden, so fällt kein Niederschlag. Typisch dafür sind die kleinen weißen *«Schönwetterwolken»* (siehe Abbildung 29).

Stabilität der Temperaturschichtung

Die Entstehung von Wolken wird unterdrückt, wenn die Temperatur der Umgebungsluft mit der Höhe relativ wenig abnimmt. Steigt eine Luftmasse auf und nimmt ihre Temperatur dabei schneller ab als in der Umgebungsluft, ist sie bald kühler als ihre Umgebung und steigt nicht weiter auf. Diese Verhältnisse werden als ***stabil*** bezeichnet.
Nimmt die Temperatur in der Umgebungsluft mit der Höhe vergleichsweise stark ab, können Luftmassen sehr hoch aufsteigen und dabei **hohe Wolken oder Gewitter** bilden. Diese Verhältnisse nennt man instabil.

5.2 Niederschlagsradar: Für Kurzfristprognosen sehr hilfreich!

Für die kurzfristige Vorhersage von Niederschlägen stehen uns heute in vielen Regionen aktuelle Radardaten zur Verfügung. Diese erlauben eine flächenhafte Darstellung von Ort und Stärke des Niederschlags. Die unterschiedlichen Niederschlagsmengen werden dabei farblich codiert. Die Daten werden meist alle 10–15 Minuten aktualisiert. Auch Prognosekarten (siehe Abbildung 30) werden angeboten. Eine Animation dieser Karten über die Zeit zeigt uns die Bewegung von Niederschlagsgebieten.

Exkurs: Niederschlagsradar

Regentropfen reflektieren Radarstrahlen. Werden von einer Station Radarstrahlen ausgesendet, so kann aus der Zeit, die es dauert, bis die reflektierten Strahlen zurückkehren, die Distanz berechnet werden, in welcher die reflektierenden Regentropfen sich befinden. Je mehr Strahlen vom gleichen Ort «zurückkehren», desto mehr Regentropfen sind dort vorhanden und desto intensiver ist der Niederschlag. Damit auch Niederschlagsgebiete, die sich aus Sicht einer Station hinter einem anderen befinden, gut erfasst werden können, werden Messungen von verschiedenen Stationen, vorzugsweise auf Bergen, zu einem Gesamtbild zusammengesetzt. In der Schweiz beispielsweise werden heute vier Stationen verwendet (auf dem Albis, dem La Dôle, dem Monte Lema und der Plaine Morte).

Stehen nur Bilder der vergangenen Stunden zur Verfügung, so können die Bewegungsgeschwindigkeit und -richtung eines Niederschlagsgebiets in die Zukunft extrapoliert werden. Damit kann der Zeitpunkt des *Einsetzens* von Niederschlägen und deren Dauer auf

Abb. 29 «Schönwetterwolken». Kann bei Hochdrucklagen die Luft nur wenig aufsteigen, so entstehen kleine, wenig mächtige Cumuluswolken, im Volksmund oft auch als «Schönwetterwolken» bezeichnet.

wenige Stunden hinaus recht gut abgeschätzt werden. Die *Intensität* von Niederschlägen ändert sich jedoch häufig auch innerhalb einer Stunde relativ stark. Eine Extrapolation der Niederschlagsmenge ist deshalb schwieriger.

Wenig hilfreich ist eine Extrapolation auch im Falle einer Wetterlage mit Sommergewittern, da diese im Tagesverlauf entstehen und vom Radar erst erkannt werden, wenn tatsächlich Niederschlag fällt. Solche Gewitterzellen entstehen auf dem Radarbild an heißen Sommernachmittagen sozusagen «aus dem Nichts» heraus. Das gleiche gilt für Staulagen, d. h. bei einer Strömung gegen ein Gebirge, wo die Luft zum Aufsteigen gezwungen wird und bei hoher Luftfeuchtigkeit dadurch Niederschläge ausgelöst werden. Solche Phänomene können nicht aus der vergangenen Entwicklung abgeleitet werden.

Seit einigen Jahren ist es jedoch möglich, mit detaillierten regionalen Wettermodellen Niederschlagskarten für die nahe Zukunft vorauszuberechnen. So gibt es beispielsweise für die Schweiz eine **Niederschlagsprognose** für bis zu 30 Stunden im Voraus auf der Basis der Informationen des Niederschlagsradars (siehe Abbildung 30). Mit einem Regler kann der Zeitpunkt der Messung bzw. Prognose gewählt und auch die Bewegung der Niederschlagsgebiete verfolgt werden. Für viele Regionen in Europa gibt es solche Prognosen mindestens über einige Stunden hinweg. Sie können als Einzelbilder oder als Animation betrachtet werden.

Niederschläge von mehr als 20 mm/h (in Abbildung 30 rot und violett dargestellt) sind häufig mit Gewittern verbunden, auch Hagel ist möglich (siehe Abbildung 31).

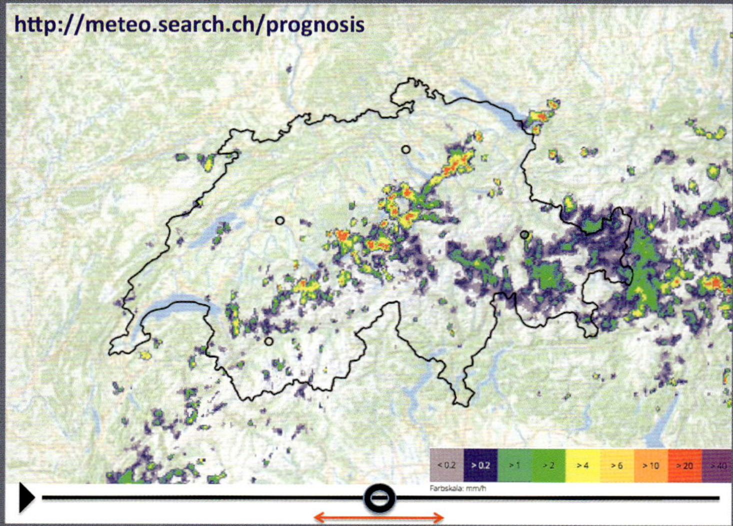

Abb. 30 Beispiel eines Niederschlags-Radarbilds (Prognose) für eine Situation mit Sommergewittern über den Schweizer Alpen. Farbskala: Niederschläge sind in mm/h angegeben.

Die Qualität dieser Prognosen ist recht gut, nimmt aber, wie bei allen Wetterprognosen, im Verlauf dieser 30 Stunden immer mehr ab, d. h., **je weiter der Prognosezeitpunkt entfernt ist, desto unsicherer ist die Voraussage**. Wer diese Prognosen regelmäßig nutzt und mit der tatsächlichen Entwicklung vergleicht, entwickelt recht schnell ein Gefühl, wie genau die Prognosen sind und welche Veränderungen sich ergeben können.

Die Wetterseite www.wetteronline.de stellt ähnliche Karten für ganz Europa zur Verfügung (mit Darstellung von Bewölkung und Niederschlag), siehe Kapitel 6 und Abbildung 52 (hohe Auflösungen sind gebührenpflichtig).

Abb. 31 Hagelschlag im Wald. In sehr starken Gewittern kann sich Hagel bilden, der sowohl im Wald als auch an Kulturpflanzen oder an Gebäuden bedeutende Schäden anrichten kann.

5.3 Gewitter: Blick auf die Niederschlagsprognose ist wichtig

Da Gewitter bei einem Aufenthalt im Freien, insbesondere in den Bergen oder auf Gewässern, eine große Gefahr sein können – sei es wegen Blitzschlägen oder schnell ansteigender Wasserpegel in Fließgewässern – ist eine Voraussage der Gewittergefahr von großer Bedeutung.

Gewitter entstehen im Falle von starken, hochreichenden Aufwinden mit Wolkenbildung. Sie können einerseits im Zusammenhang mit Luftmassenwechseln bzw. Fronten auftreten («Frontgewitter») oder im Sommer bei schwachen Winden und starker Aufheizung des Bodens («Wärmegewitter»).

Die Bildung von **Frontgewittern** ist abhängig von den Temperaturunterschieden an der Luftmassengrenze und der Fortbewegungsgeschwindigkeit der Front. Sie können zu jeder Tages- und Nachtzeit auftreten. Ihre Vorhersage ist auf längere Sicht ziemlich schwierig. Gewitter im Zusammenhang mit Fronten finden zudem bei Verhältnissen statt, die grundsätzlich mit ausgedehnten Niederschlägen verbunden sind und sich somit kaum für Outdoor-Aktivitäten eignen. Für die meisten Leute spielt es bei der längerfristigen Planung von Aktivitäten kaum eine Rolle, ob bei allgemein schlechtem Wetter auch noch ein Gewitter auftritt. Auf die längerfristige Vorhersage von Frontgewittern gehen wir hier aus diesen Gründen nicht näher ein. Kurzfristig kann das Auftreten solcher Gewitter in der detaillierten Niederschlagsprognose (siehe vorhergehenden Abschnitt zum Niederschlagsradar) erkannt werden.

Exkurs: Entstehung von Wärmegewittern

Für die Bildung von Wärmegewittern müssen gewisse Bedingungen in der Atmosphäre erfüllt sein:

- Die Luft muss genügend Feuchtigkeit enthalten, damit überhaupt eine Wolke entstehen kann.
- Die Luft am Boden muss genügend aufgeheizt werden, damit sie aufsteigt.
- Die Temperatur muss mit der Höhe ausreichend stark abnehmen, damit die am Boden aufgeheizte Luft sehr hoch aufsteigt. Für die Entstehung von Gewittern ist eine Wolkenhöhe von mindestens 7 km notwendig.
- Die Windgeschwindigkeit in der Höhe darf nicht zu groß sein, weil die Gewitterwolke sonst «auseinandergerissen» wird oder gar nicht entstehen kann.

Wärmegewitter entstehen an schönen und relativ schwülen Sommertagen mit wenig Wind. An diesen Tagen wird die Luft am Boden durch die Sonne stark aufgeheizt. Schwüle Tage bedeuten viel Feuchtigkeit und wenig Wind, die den ungestörten Aufbau der Gewitterwolke begünstigen. Je kühler die Luft in der Höhe ist, umso besser und höher können die aufgeheizten Luftmassen aufsteigen.

Die in der Wolke aufsteigende Luft wird an der Obergrenze der Wetterschicht zur Seite abgelenkt. Die Temperaturverhältnisse sind dort sehr stabil, d. h. die Temperatur nimmt mit der Höhe sogar zu. Die Wolke erhält eine klare Obergrenze und dehnt sich seitwärts aus. Es entsteht das typische Bild einer Gewitterwolke mit «Amboss» (siehe Abbildungen 33 und 34). Die Luft strömt an den Seiten der Gewitterwolke entlang wieder zurück nach unten in Richtung Boden.

Zuoberst in der Gewitterwolke ist es so kühl, dass die Wassertröpfchen gefrieren. Die Wolke besteht dort aus Eiskristallen. Durch die starken Aufwinde entsteht Reibung zwischen den Wolkenteilchen, die Wolken werden elektrisch aufgeladen. Der genaue Mechanismus dieser Aufladung ist noch nicht klar. Die elektrischen Spannungen in den Wolken entladen sich dann durch zahlreiche *Blitze* (siehe Abbildung 32).

Abb. 32 Blitze in einem Gewitter.

Wärmegewitter bilden sich vor allem im Sommer am Nachmittag und Abend bei schönem Wetter und schwachen Winden. Im Verlauf der Nacht zerfallen die Gewitterwolken meist wieder. Je stärker die Luft aufgeheizt wird und je kühler die Luft in der Höhe ist, umso größer ist die Neigung zur Gewitterbildung (siehe Exkurs «Entstehung von Wärmegewittern», Seite 83). Die Aufheizung ist an sonnenbeschienenen Südhängen in den Bergen am stärksten. Deshalb sind Gewitter an schönen Sommertagen in den Bergen am häufigsten und treten dort im Tagesverlauf meist auch zuerst auf.

Die **längerfristige** Voraussage der Gefahr von Wärmegewittern ist auch heute noch mit großen Schwierigkeiten verbunden, da die Gewitterbildung sehr stark von den lokalen Verhältnissen abhängig ist. Eine lokale Voraussage ist selbst mit den heutigen Möglichkeiten immer noch kaum machbar. Wir können jedoch die *Möglichkeit bzw. Wahrscheinlichkeit* der Bildung von Gewittern einschätzen.

Allgemein gilt:
— Je stärker die Aufheizung, desto größer die Gewittergefahr.
— Je feuchter die Luft, desto größer die Gewittergefahr.
— Gewitter bewegen sich in der Richtung der Höhenströmung (parallel zu 500-hPa-Drucklinien).

Mittelfristig können wir auf der 500-hPa-Karte die Zonen mit möglicher Bildung von Wärmegewittern im Fall hoher Temperaturen und mittlerer bis hoher Feuchtigkeit einigermaßen eingrenzen, wie in Abbildung 35 schematisch dargestellt:

Abb. 33 Gewitterwolke über dem Mittelmeer.

Abb. 34 Gewitterwolke über dem Berner Mittelland.

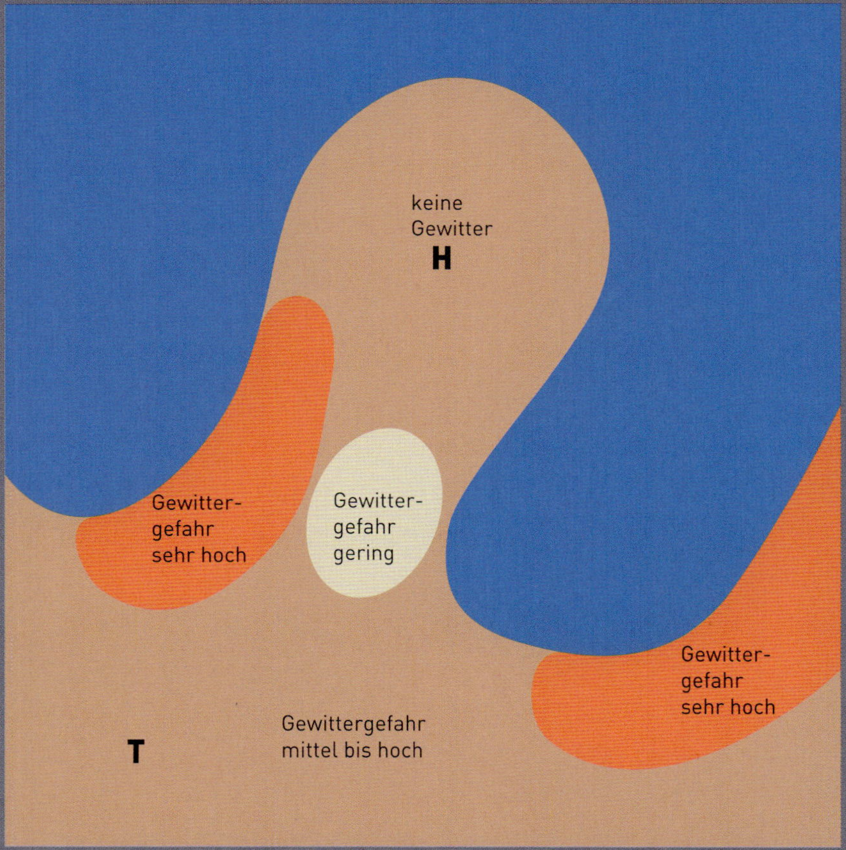

Abb. 35 Schematische 500-hPa-Druckkkarte mit der Verteilung der Gefahr von Sommergewittern bei hohen Temperaturen und hoher Luftfeuchtigkeit. Am stärksten ist die Gewitterneigung auf der Südostseite von Polarfrontwellen. Sommergewitter sind möglich zwischen den Hochdruckzentren und der Polarfront. Kaum Gewitter sind im Zentrum von geschlossenen Hochdruckgebieten zu erwarten.

sehr hohe Gewitterneigung	**im Südosten von Wellentälern der Polarfront** (durch die Verschiebung der Welle nach Osten erfolgt eine Abkühlung in der Höhe).
hohe Gewitterneigung	in Gebieten südlich der Polarfront mit eher tiefem Druck oder geringen Druckunterschieden (d. h. weit auseinanderliegenden Drucklinien).
geringe Gewitterneigung	in der Nähe von Hochdruckgebieten.
keine Gewitter	**im Zentrum von abgeschlossenen Hochdruckgebieten.**

Kurzfristig gibt die Niederschlagsprognose (Radarbild) sehr gute Hinweise auf Zeitpunkt und Ort der Gewitterbildung. Schaut man mehr als 2–3 Stunden voraus, so muss man allerdings für den Zeitpunkt eine Sicherheitsmarge von 2 Stunden und für den Ort von 20–40 km einkalkulieren: Es kann schon früher gewittern als prognostiziert bzw. Gewitter können auch etwas außerhalb der prognostizierten Zone auftreten. Diese Angaben sind Erfahrungswerte, es kann keine Gewähr für ihre Richtigkeit gegeben werden.

5.4 Bewölkung: Bewölkungskarten geben Auskunft

Bewölkung ist häufig weniger störend als Niederschlag, es kann aber trotzdem interessant sein, was in dieser Hinsicht zu erwarten ist. Ähnlich wie für den Niederschlag gibt es dafür Prognosekarten. Abbildung 37 zeigt den totalen Bedeckungsgrad für Süddeutschland, d.h. den prozentualen Anteil des Himmels, der von Wolken bedeckt ist, und zwar im Durchschnitt während einer bestimmten Zeit (hier 3 Stunden).

Bei der Wolken-Bedeckung kann tiefe, mittlere und hohe Bewölkung unterschieden werden, für die ebenfalls Karten zur Verfügung stehen. Tiefe und mittlere Bewölkung (ca. 2–3 km bzw. ca. 3–7 km Höhe) sind in den Bergen oft mit Nebel verbunden und schirmen mehr Sonnenlicht ab als hohe Bewölkung (ca. 3–10 km Höhe). Hohe Bewölkung lässt oft die Sonne zu einem beträchtlichen Teil durchscheinen (siehe Abbildung 38) und es bleibt auch praktisch immer niederschlagsfrei.

Abb. 36 Tornados treten in Mitteleuropa relativ selten auf. Sie sind bei uns – wie auf diesem Bild – auch weniger klar strukturiert als z. B. in den USA.

Für kurzfristige Prognosen gibt es Wolkenbedeckungskarten (siehe http://meteo.search.ch/cloud für die Schweiz oder die Wetterradarkarte für Europa in Kapitel 6 bzw. Abbildung 52), bei denen man sich wie bei den Niederschlagsprognosen in Abbildung 30 die zu erwartende Entwicklung anzeigen lassen kann.

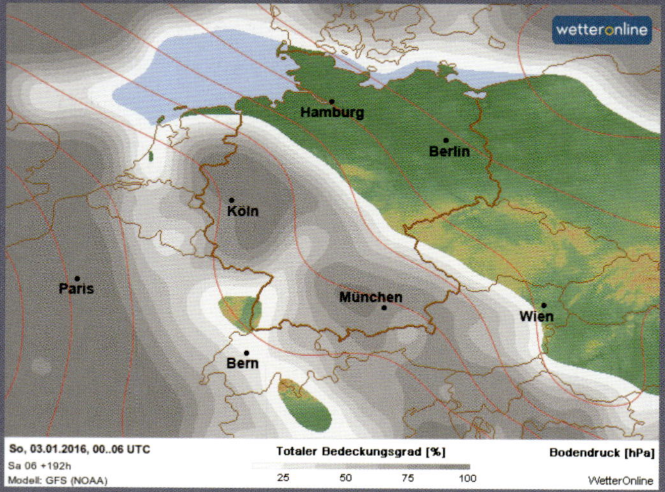

Abb. 37 Vorhersagekarte für die Bewölkung über Süddeutschland. Angegeben ist der Anteil des Himmels in Prozent, der durch irgendeine Art von Bewölkung abgedeckt wird (= Totaler Bedeckungsgrad).

Abb. 38 Dünne, hohe Wolken, im Fachjargon «Cirren» genannt, lassen die Sonne meist – mehr oder weniger milchig – durchscheinen.

Abb. 39 «Patricia», der bisher stärkste beobachtete Hurrikan im Pazifischen Ozean, am 23. Oktober 2015 vor der Küste Mexikos. In den Tropen und Subtropen sind die Druckgegensätze und damit auch die Windgeschwindigkeiten allgemein relativ gering. Hohe Windgeschwindigkeiten treten nur in sogenannten Tropischen Stürmen (Taifune, Hurrikane oder Zyklonen genannt) auf.

Abb. 40 Gewaltiges Spektakel am 31. August 2015. Zum ersten Mal wurden über dem Pazifik gleichzeitig drei Hurrikane der zweithöchsten Stärkeklasse (Kategorie 4) beobachtet («Kilo», «Ignacio» und «Jimena»). In diesen Wirbelstürmen werden gewaltige Energien freigesetzt. Im Gegensatz zu den Stürmen über den mittleren Breiten, die ihre Energie aus dem horizontalen Temperatur- und Druckgefälle beziehen, gewinnen Hurrikane ihre Energie vor allem aus der Kondensation von Wasserdampf.

5.5 Wind: Lokale Effekte haben starken Einfluss

Abb. 41 Ablenkung des Windes in einem Tal.

Die allgemeine Windrichtung und die relative Windgeschwindigkeit (stark/mittel/schwach) lassen sich aus der 500-hPa-Karte abschätzen. Der bodennahe Wind wird vor allem in der Ebene, auf Hügeln und Berggipfeln recht stark durch die Höhenwinde beeinflusst. Je gebirgiger die Gegend, umso größer sind die Abweichungen. Der Wind wird durch das lokale Relief abgelenkt, oft gebremst, manchmal aber auch beschleunigt, wie z. B. in Engnissen wie Pässen. So werden die Winde in den Tälern in Talrichtung umgelenkt (siehe Abbildung 41). Dabei weht der Wind in derjenigen Richtung, welche dem kleineren Ablenkungswinkel entspricht. In einem in West-Ost-Richtung verlaufenden Tal weht also z. B. bei einer Nordwestwind-Lage der Wind aus Westen, bei einer Nordostwind-Lage aus Osten. Dies gilt auch für größere Ebenen zwischen Gebirgszügen, wie z. B. das Schweizer Mittelland, das zwischen dem Jura und den Alpen von Nordost nach Südwest verläuft. Hier werden Nordwinde zu Nordostwinden abgelenkt und bilden die sogenannte «Bise».

Bei **Lagen mit allgemein schwachen Winden**, d. h. in Gebieten außerhalb der Polarfrontzone, treten in Bodennähe oft lokale Windsysteme auf, die durch Effekte im Zusammenhang mit dem Relief oder unterschiedlicher Bodenbedeckung verursacht werden:

— Bei größeren Seen sind **Land-See-Windsysteme** zu beobachten, die aufgrund der unterschiedlichen Aufheizung von Wasser- und Landoberflächen entstehen: Tagsüber weht der Wind vom See auf das Land, nachts vom Land auf den See.

— In den Bergen oder in der Nähe größerer Hügelzüge sind **Berg- und Tal-Windsysteme** zu beobachten.

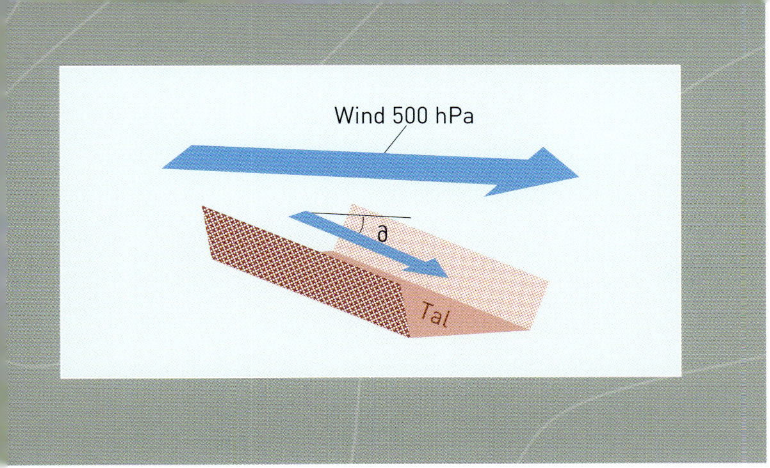

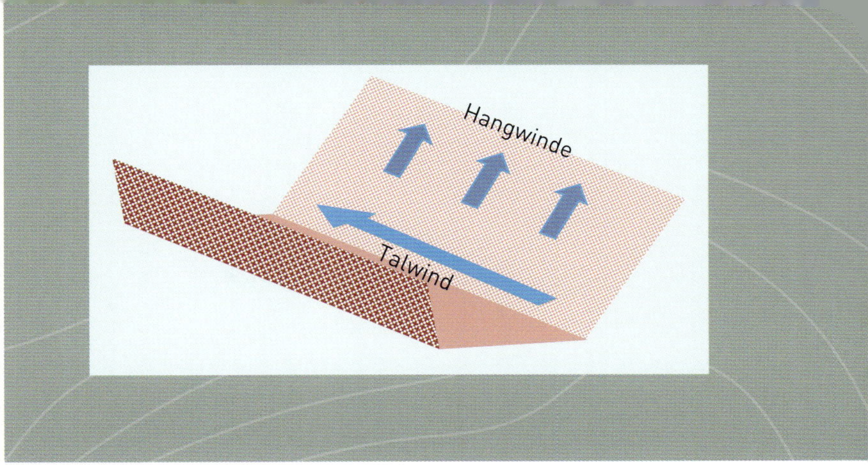

Tagsüber heizen sich Berghänge stark auf, die Luft steigt auf und «zieht» Luft aus dem Tal nach (siehe Abbildung 42). **Der Wind weht in die Bergtäler hinein («Talwind») und vom Tal die Hänge hinauf («Hangaufwind»).**

— *Nachts* kehrt sich das Windsystem um: Die Hänge kühlen ab, die kalte Luft fließt ins Tal hinunter. **Der Wind weht vom Berg herunter («Hangabwind») und das Tal hinab («Bergwind»).**

Abb. 42 Windsystem in Gebirgstälern tagsüber: Die Luft steigt an den aufgeheizten (der Sonne zugewandten) Hängen auf («Hangwinde»). Im Tal weht Luft aus dem Unterland talaufwärts («Talwind»).

Die Wettermodelle berechnen zwar auch Windvorhersagekarten. Diese sind jedoch räumlich zu wenig detailliert, um die oben beschriebenen lokalen Effekte (Ablenkung, Lokalwinde) wiedergeben zu können. Lediglich die großräumige Ablenkung durch Gebirgszüge wird einbezogen. Sie liefern deshalb kaum mehr Informationen, als wir aus der 500-hPa-Karte entnehmen und durch das Wissen um die Lokalwind-Systeme abschätzen können.

5.6 Gebirge als Hindernis: Staulagen und Fallwinde (Föhn)

Befindet sich quer zur allgemeinen Windströmung auf 500 hPa ein größeres Gebirge, wie z. B. die Alpen, so stellt dieses ein Hindernis dar und die Luft auf Höhen unterhalb des Gebirgskammes muss sich einen Umweg suchen. Am Rand von Gebirgszügen fließt die Luft zum Teil um das Gebirge herum, sonst jedoch oft auch über das Gebirge hinweg. Dabei wird die Luft am Gebirge gestaut («Staulage») und dort zum Aufsteigen gezwungen. Beim Aufstieg kühlt sie sich ab und es entstehen je nach Feuchtigkeit der Luft Wolken und Niederschlag. Bei hoher Luftfeuchtigkeit können dabei starke und anhaltende Niederschläge («Staueniederschläge») auftreten. Bleibt die Strömung über dem Gebirge über längere Zeit erhalten, so können vor allem im Sommer bei Südanströmung mit warmer und feuchter Luft große Niederschlagsmengen zusammenkommen und Überschwemmungen auslösen. Auf der Nordseite können vor allem im Winter bei einer Nordwestströmung große Schneemengen fallen.

Auf der Windschattenseite des Gebirges sinken die Winde vom Gebirgskamm ins Tal hinunter und können dabei in einigen Fällen Sturmstärke erreichen («Föhnsturm»). Das Absinken von Luftmassen bedeutet Erwärmung und Austrocknung bzw. Auflösung von Wolken. Dabei entstehen die typischen ovalen Föhnwolken («Föhnfische», siehe Abbildungen 45 und 46). Föhnwinde sind im Tal unten deshalb vergleichsweise warm und trocken und bringen schönes Wetter (siehe Abbildung 44).

Abb. 43 Gleitschirmpiloten nutzen die Hangaufwinde, um über die Berggipfel hinaus aufzusteigen und lange in der Luft zu verbleiben.

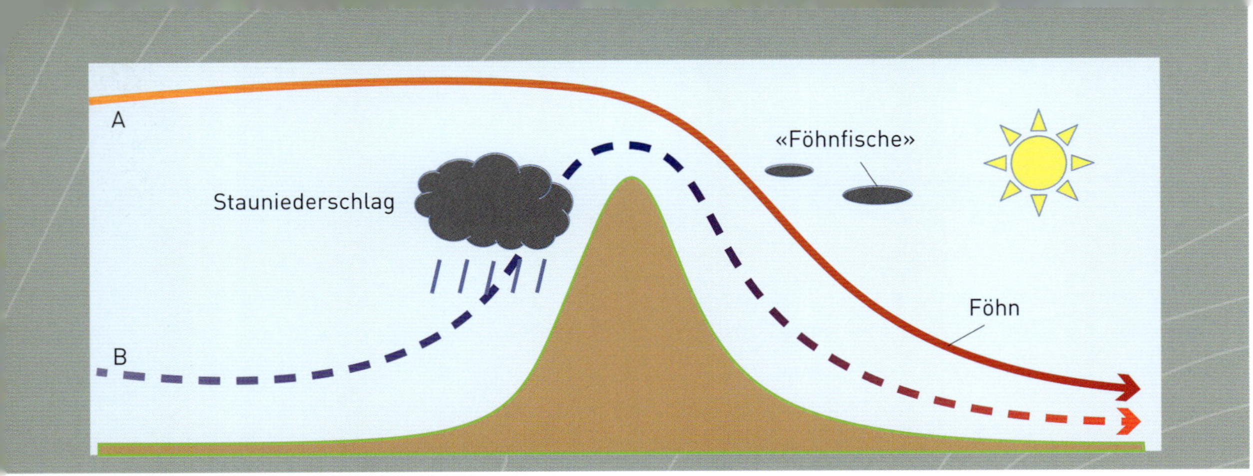

Abb. 44 Die zwei Arten von Föhn: Im Fall A weht der Höhenwind quer zum Gebirge und sinkt hinter dem Gebirge ab. Die Wolken lösen sich dort auf und erhalten in Gebirgsnähe eine linsen- bzw. fischartige Form mit scharfen Rändern, ein typisches Bild für Föhnlagen. Auf der Anströmungsseite gibt es dabei manchmal gar keine Niederschläge. Im Fall B weht der Wind in Bodennähe gegen das Gebirge, steigt dort auf, wobei durch die Abkühlung Niederschläge ausgelöst werden. Auf der windabgewandten Seite ist das Bild in diesem Fall gleich: Relativ sonnig und warm.

Abb. 45 Föhnwolke über den Alpen.

Abb. 46 Zahlreiche «Föhnfische» über den Berner Alpen.

Bei Föhnsituationen weht der Wind also quer zu einem Gebirge, wie z. B. den Alpen. «Quer» bedeutet dabei nicht nur senkrecht, die Strömungsrichtung kann auch etwas schräg zum Gebirge liegen. Beträgt die Abweichung von der Senkrechten (der Winkel ∂ in Abbildung 47) weniger als 30–40 Grad, so entstehen hinter dem Gebirge Fallwinde.

Im Falle der Alpen, die im Gebiet der Schweiz leicht gekrümmt sind, ist der Anströmungs-Winkel entscheidend dafür, bis wie weit in den Westen der Schweiz Föhn auftritt (siehe Abbildung 47). Bei einer Südströmung ist Föhn meist auf der ganzen Alpennordseite zu beobachten, während bei einer Südwestströmung meist nur die Ostschweiz die Föhnwirkung erlebt. Eine Änderung der Strömungsrichtung nur um wenige Grad kann das vom Föhn betroffene Gebiet in der Schweiz deutlich nach West oder Ost verschieben. Deshalb sind gerade für das Berner Oberland und die Freiburger Alpen längerfristige Föhnprognosen ziemlich schwierig. Etwas einfacher ist die Lage bei einer Nord- bis Nordwestströmung, da tritt auf der Alpensüdseite praktisch immer Föhn auf.
Wie stark der Föhn wird und wann der Effekt zu Ende ist, ist sehr schwierig zu prognostizieren, auch kurzfristig. **Im Falle von Föhn sind auch die kurzfristigen Niederschlagsprognosen mit Vorsicht zu genießen.** Die Niederschläge können deutlich geringer oder stärker ausfallen als berechnet.
Zusätzlich gibt es noch eine allgemeine Grundregel: **Tagsüber ist der Föhneffekt meist stärker als in der Nacht**.

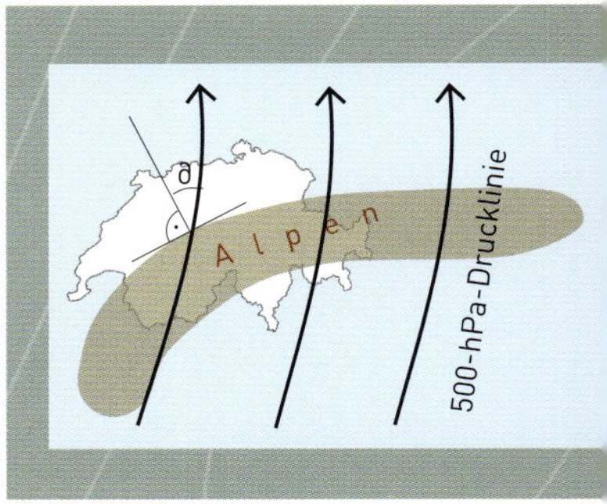

Abb. 47 Föhn über den Alpen. Entscheidend für die vom Föhn betroffenen Regionen ist der Anströmungswinkel ∂, also die Abweichung der Windrichtung von der Senkrechten zum Gebirgszug.

5.7 Temperatur

Die relativen Temperaturverhältnisse – d. h. für die Jahreszeit heiß, warm, normal, kühl oder kalt – lassen sich wie schon beschrieben bereits aus der 500-hPa-Karte ableiten. Hier ist noch anzumerken, dass **die Temperatur am Boden in der Polarfrontzone sehr stark von der Herkunft der Strömung abhängt**: Je nördlicher die Richtung, aus der die Windströmung kommt, und je weiter die Welle nach Norden «ausholt», umso niedriger sind die Temperaturen (siehe Abbildung 48). Je südlicher die Herkunftsrichtung der Windströmung und je weiter die Welle nach Süden reicht, desto höher sind die Temperaturen. Denn die Strömung erfasst und transportiert diejenigen Bodenluftmassen, über die sie hinwegfließt. Auch kühlen die transportierten Luftmassen im Norden ab und erwärmen sich im Süden. **In Mitteleuropa ist es am kältesten, wenn die herantransportierte Luft im Winter aus der Arktis oder Sibirien stammt, am heißesten bei Zufuhr von Luft aus der Sahara im Sommer**. Die Herkunft ist auf der 500-hPa-Karte einfach erkennbar (in Abbildung 25, S. 61, beispielsweise stammt die Luft in der Schweiz aus Nordskandinavien, ist also vergleichsweise kühl).

Genauere lokale Temperaturangaben lassen sich aus den Prognosekarten nicht einfach ableiten. Es hat auch keinen Sinn, das selbst zu versuchen. Das wäre viel zu aufwendig und würde gegenüber der Nutzung der vielen im Internet zugänglichen Wetterprognoseseiten keinen zusätzlich Nutzen ergeben. Diese Seiten liefern, wie auch www.wetteronline.de, für viele Orte der Erde lokale Temperaturprognosen, die örtliche Gegebenheiten, wie z. B. die Höhe über Meer, berücksichtigen. Zumindest für Orte im Flachland sind diese Vorhersagen zuverlässiger als die Temperaturprognosen der Wettermodelle.

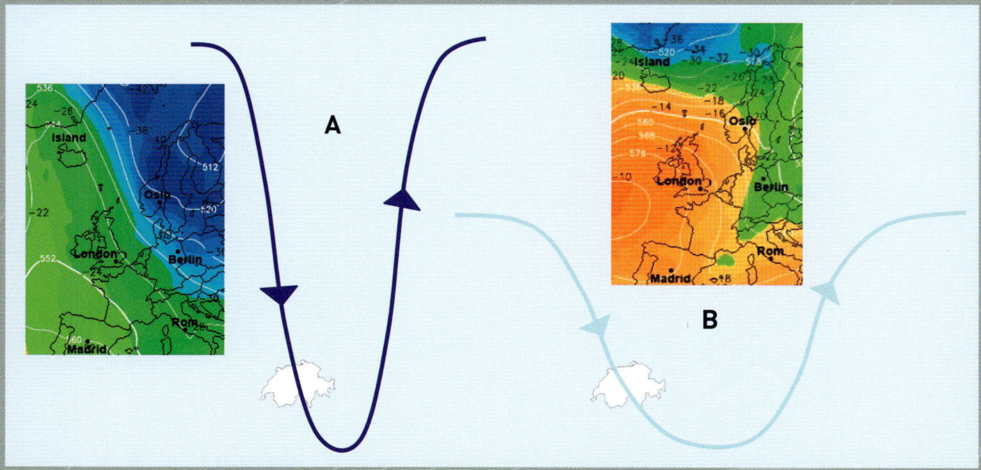

Abb. 48 Strömungsverlauf und Temperatur: Die Herkunft der Strömung entscheidet über die Temperatur der Luftmassen in Bodennähe: Je nördlicher die Herkunftsrichtung der Windströmung und je weiter die entsprechende Welle nach Norden «ausholt» (A), umso niedriger sind die Temperaturen. Nordwestliche Winde, die weniger nördlich «ausholen», sind deutlich milder (B).

Abb. 49 Kaltluft, die sich im Tal angesammelt hat (kalte Luft ist schwerer als warme und fließt an den tiefstmöglichen Geländepunkt), sichtbar als «Nebelmeer».

Eine Besonderheit sind die sogenannten Kaltluftseen, in denen die Luft kälter ist als in größeren Höhen. Sie entstehen in Mulden oder Tiefebenen durch nächtliche Abkühlung vor allem in hügeligem oder alpinem Gelände. Im Winter sind sie meist als Nebelmeer sichtbar (siehe Abbildung 49). Sie werden in den Wettermodellen nicht abgebildet.

Interessanter und etwas besser verwendbar sind die Prognosekarten für die Temperatur in größeren Höhen, vor allem, wenn man sich in den Bergen bewegt. Lokale Effekte spielen hier eine geringere Rolle, beispielsweise befindet man sich in höheren Lagen meist oberhalb von Kaltluftseen. Die Wettermodelle berechnen die Temperaturabnahme mit der Höhe relativ gut, sodass hier die Prognosekarten einen guten Anhaltspunkt bieten. Vor allem für Wanderungen, die oft auf Höhen von 1500 bis 2000 m ü. M. stattfinden, bietet sich die Prognosekarte für die Temperaturen auf dem 850-hPa-Niveau, also auf ca. 1500 m ü. M. an (siehe Abbildung 50). Für Hochgebirgstouren steht die 700-hPa-Karte (Karte *«HT 700 hPa»)*, die einer Höhe von rund 3000 m ü. M. entspricht, zur Verfügung. In diesem Höhenbereich gibt es nur noch sehr wenige Wetterstationen und auch nur noch wenige Orte, für die im Internet oder in Apps Prognosen zu finden sind.

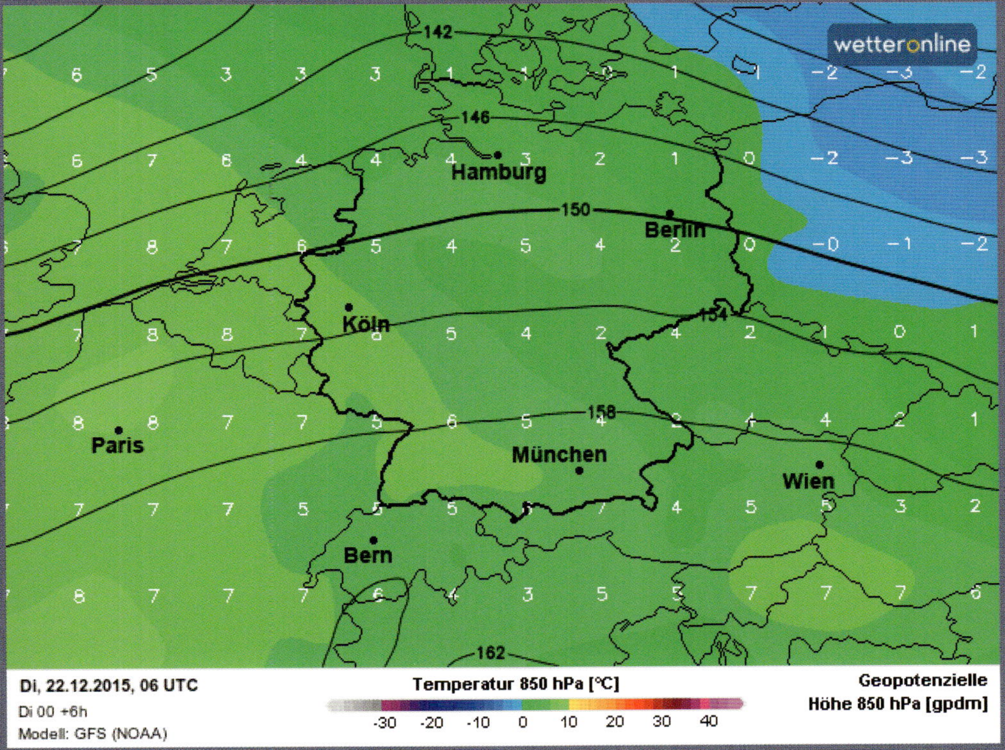

Abb. 50 Temperaturprognose in °C (Beispiel) auf ca. 1500 m ü. M. (Karte «HT 850hPa»).

6

Ausblick, Links und Kurzanleitung

In den vorangegangenen Kapiteln habe ich versucht, Ihnen einen Eindruck zu vermitteln, wie Sie ohne große Vorkenntnisse mit relativ einfachen Mitteln und im Internet gratis zur Verfügung stehenden Informationen selbst eine Wetterprognose erstellen können. Ich hoffe auch, Ihnen etwas den Respekt oder sogar die Angst vor der Betrachtung von einfachen Computer-Wetterkarten genommen zu haben. Diese zu verstehen, ist keine Hexerei. Und mit etwas Übung wird das Selbstvertrauen immer größer werden. So werden Sie sich auch in weitere Prognosekarten einarbeiten können, wenn Sie das denn wollen, und daraus Zusatzinformationen gewinnen.

Auch wenn Ihre Prognose vielleicht nicht besser ist als das, was Sie im Wetterbericht im Radio hören, im Fernsehen sehen oder in der Zeitung lesen: Sie haben einen besseren Eindruck, was tatsächlich abläuft, Sie können die Prognosesicherheit einschätzen und – das ist wohl der größte Vorteil – Sie haben einen Eindruck, was neben der «offiziellen» Prognose auch noch geschehen könnte.

Und wenn Sie einmal mit Ihrer Prognose «daneben hauen», nehmen Sie es gelassen. Sie sind in bester Gesellschaft, nämlich mit den Prognostikern in den Wetterdiensten, über die Sie vielleicht schon oft heimlich oder auch laut geflucht haben, wenn die Vorhersage wieder einmal nicht gestimmt hat.

In diesem Sinne wünsche ich Ihnen viel Spaß bei Ihrer Wettervorhersage! Und noch eins, auch hier gilt: Übung macht den Meister ... Den Anfang können Sie mit den Übungsbeispielen am Ende des Buches machen (siehe Kapitel 7).

Im Folgenden finden Sie nähere Informationen zu den im Text erwähnten Links und eine Kurzanleitung zur Wettercharakterisierung und Beurteilung der Prognosesicherheit.

Im Text erwähnte Prognosekarten, Links und Hinweise

500-hPa-Karte und Detail-Prognosekarten (850-hPa-Temperatur, Niederschlag, Bewölkung):
http://www.wetteronline.de/profiwetter/europa

Abb. 51 Seite von wetteronline.de (Stand Oktober 2015) – die Zugänge zu den Details sind markiert. **(Achtung: Standardansicht ist die Bodendruckkarte, also zuerst die 500-hPa-Karte auswählen!)**

a) Modellkarten (Default-Ansicht);
b) «Spaghetti-Darstellung» der Prognosen;
c) Auswahl der Region (Europa, Deutschland, Schweiz etc.);
d) Auswahl des Wochentages für die Prognose (erscheint nur, wenn der Cursor in der Karte steht!);
e) Vor- und Zurücksetzen des Prognosezeitpunktes; rechter Pfeil: die Prognosekarten als Film;
f) Wahl eines anderen Modells;
h) **500-hPa-Karte;**

Detailkarten: g) 850-hPa-Temperatur; i) Niederschlagskarte; k) Wolkenbedeckungskarten;
Zusatz: Unter «Zirkumpolarkarten», «H 500 hPa» findet man das Bild der ganzen Nordhemisphäre.
(**Achtung!** Die Darstellung der Internetseite kann sich mit der Zeit ändern. Stand: 18. 10. 2015.)

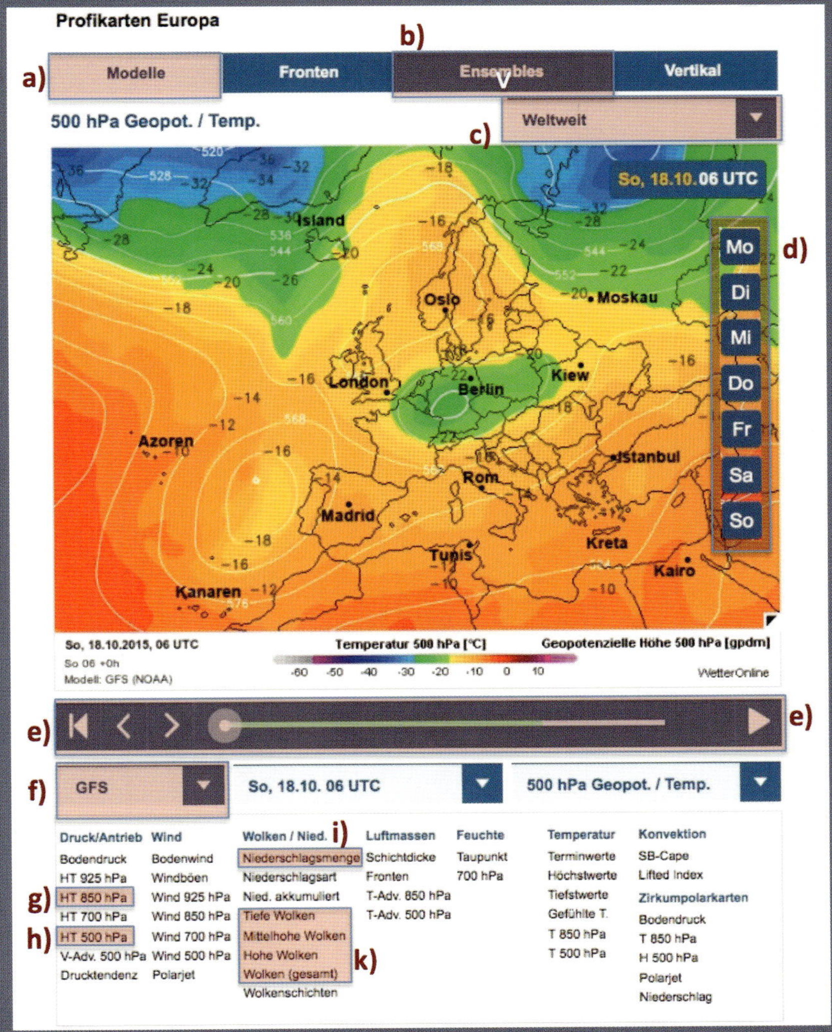

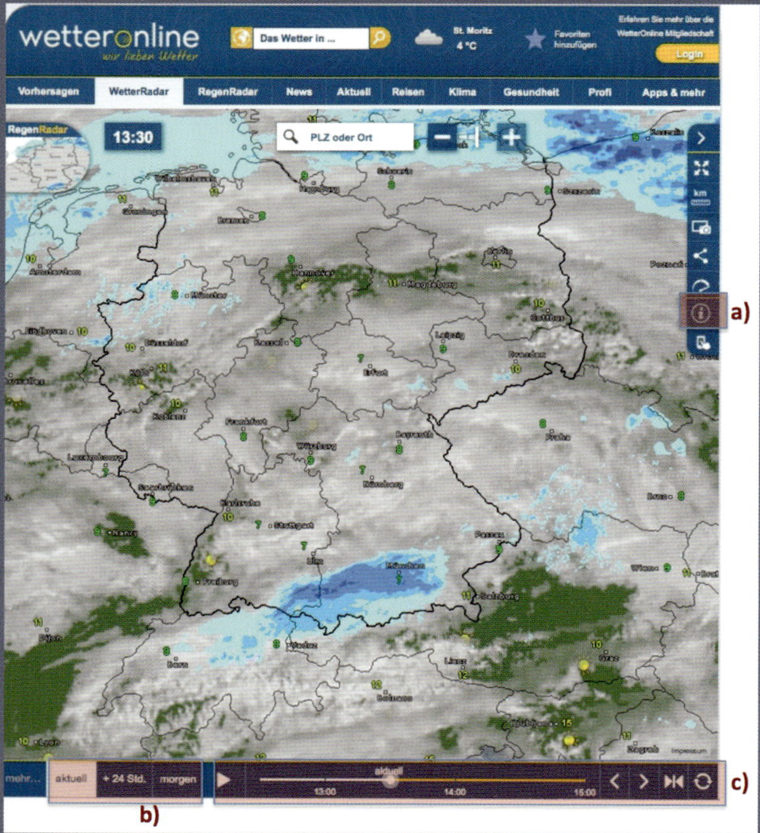

Niederschlags-Radarkarte Schweiz:
http://meteo.search.ch/prognosis
Beschreibung siehe Abbildung 30, S. 80, und Text dazu.

Wetterradarkarte Europa:
http://www.wetteronline.de/wetterradar

Abb. 52 Wetterradarkarte für Europa. Angezeigt werden die Wolken (in Grautönen) und die Niederschläge (in Farben).

Unter a) kann die Legende aufgerufen werden. Die dargestellte Region kann mit gedrücktem Cursor auf der Karte verschoben werden und mit + und – verkleinert oder vergrößert werden. Die dargestellte Auflösung ist die beste frei zugängliche (die Darstellung höherer Auflösungen ist gebührenpflichtig).

Unter b) kann der zeitliche Ausschnitt gewählt werden («aktuell» für Messwerte der letzten Stunde und Prognose für die nächsten 1.5 Stunden; «24 Std.» für die Prognosen der nächsten 24 Stunden und «morgen» für die Prognosen für den nächsten Tag.

Unter c) können die Karten als Film angeschaut werden.

Kurzanleitung
zur Wettercharakterisierung und Beurteilung der Prognosesicherheit

1. **Überblick gewinnen** (vgl. Kap. 4.3, S. 53)
   Wir schauen uns die Dynamik in der 500-hPa-Druckkarte für die nächsten Tage an (insbesondere der Polarfront), um uns einen allgemeinen Eindruck von der Wettersituation zu verschaffen.

2. **Lage des Ortes, für den wir eine Prognose machen wollen, bezüglich der Polarfront** (Abb. 53; vgl. Kap. 4.3, S. 53)
   - Zone nördlich der Polarfront (tiefer Druck): kühl bis kalt, relativ trocken, ruhiges Wetter
   - Zone südlich der Polarfront (hoher Druck): warm bis heiß, sehr trocken, ruhiges schönes Wetter
   - Polarfrontzone: wechselhaft («Aprilwetter»), feucht, regnerisch, stürmisch
   - Kaltlufttropfen: unberechenbar (siehe Kap. 4.5, S. 66)

3. **Verlauf der Drucklinien über dem betrachteten Ort** (vgl. Kap. 4.3, S. 53)
   - Tiefdruckwirbel, Niederschlagszonen, Gewitterzellen, Wolkenfelder, bodennahe Luftmassen etc. folgen ziemlich genau der Höhenströmung (d. h. den 500-hPa-Drucklinien) von West nach Ost bzw. im Uhrzeigersinn um ein Hoch und im Gegenuhrzeigersinn um ein Tief herum.
   - Liegen die Drucklinien nahe beieinander, ist mit hohen Windgeschwindigkeiten zu rechnen (vor allem in höheren Lagen); sind Drucklinien weit voneinander entfernt, sind die Winde schwach.
   - Erfolgt die Strömung quer zu den Alpen (von Nord oder Süd), ist mit Staulagen (vom Wind angeströmte Seite) und Föhnlagen (auf der windabgewandten Seite) zu rechnen.

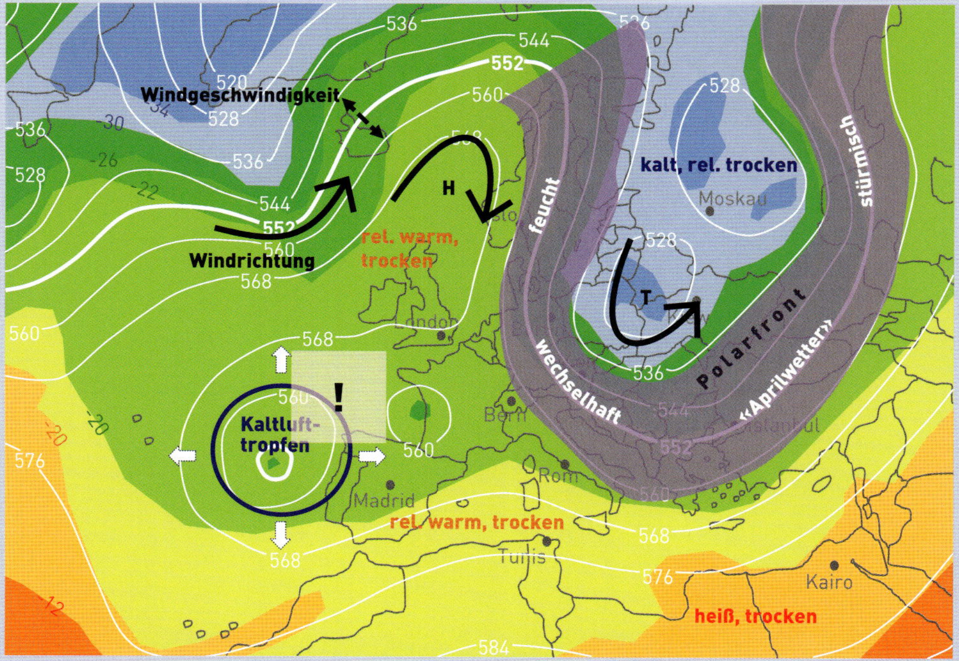

Abb. 53 Wettercharakteristik für verschiedene Lagen bezüglich der Polarfront.

4. **Verlässlichkeit einer Vorhersage bzw. der Bandbreite der möglichen Wetterentwicklungen einschätzen** (vgl. Kap. 4.4, S. 55)
   — Abschätzen, wie sich eine Verschiebung der Drucklinien auf die Prognose auswirken würde, unter Berücksichtigung der Zeitdauer bis zum Prognosezeitpunkt.
   — Richtwert für die mögliche Verschiebung der Polarfront: seitliche Abweichung von 150, 300 bzw. 500 km für die Prognosen +2, +3 bzw. +4 Tage.
   — Einschätzen, ob sich die Lage des Ortes bezüglich der Polarfrontzone (nördlich, innerhalb oder südlich) oder eines Kaltlufttropfens bei einer möglichen Verschiebung gegenüber der Prognose wesentlich verändern könnte.
   — Überlegen, welchen Einfluss diese Veränderung auf den Wettercharakter haben würde.

5. **Lage nahe einem Kaltlufttropfen (insbesondere an der Nordostseite)** (vgl. Kap. 4.5, S. 66)
   — Hände weg von Prognosen!
   — Keine heiklen, wetterabhängigen Unternehmungen!

6. **Detaillierterer Wetterablauf am Prognoseort: Einbeziehung regionaler Prognosekarten** (vgl. Kap. 5, S. 71)
Bei der Interpretation der regionalen Prognosekarten immer die in den vorangegangenen Schritten ermittelte Prognoseunsicherheit bzw. Bandbreite der möglichen Entwicklungen berücksichtigen.
   a) **Niederschlagskarten** (vgl. Kap. 5.1, S. 73)
   Sie zeigen den groben zeitlichen «Fahrplan» der Niederschläge, z. B. wenn wir uns in der Polarfrontzone befinden, oder bei örtlicher Wolken- und Niederschlagsbildung im Tagesverlauf.
   b) **Gewittergefahr** (vgl. Kap. 5.3, S. 82)

Sehr hohe Gewitterneigung	im Südosten von Wellentälern der Polarfront.
Hohe Gewitterneigung	in Gebieten südlich der Polarfront mit eher tiefem Druck oder geringen Druckunterschieden (d. h. weit auseinanderliegenden Drucklinien).
Geringe Gewitterneigung	in der Nähe von Hochdruckgebieten.
Keine Gewitter	im Zentrum von abgeschlossenen Hochdruckgebieten.

Je stärker die Aufheizung (d. h. je höher die Temperatur-Höchstwerte), desto größer die Gewittergefahr
   c) **Bewölkungskarten** (vgl. Kap. 5.4, S. 91)
   Die Karten zeigen den mittleren Bedeckungsgrad mit Wolken in der entsprechenden Höhe.
   — Tiefe Bewölkung (ca. 2–3 km Höhe): In den Bergen oft mit Nebel verbunden; schirmt relativ viel Sonnenlicht ab.
   — Mittlere Bewölkung (ca. 3–7 km Höhe): Schirmt relativ viel Sonnenlicht ab.
   — Hohe Bewölkung (ca. 8–10 km Höhe): Lässt oft die Sonne zu einem beträchtlichen Teil durchscheinen; praktisch immer niederschlagsfrei.

d) Wind (vgl. Kap. 5.5, S. 94; Kap. 5.6, S. 97):

- Ablenkung durch Relief (Berge, Täler) beachten.
- Kanalisierung: Der Wind fließt entlang von Tälern (in die Richtung mit der geringeren Ablenkung zur Windrichtung in der Höhe).
- Engnisse: In Engnissen (Verengung von Tälern, Pässen) ist die Windgeschwindigkeit erhöht.
- Höhenwind quer zum Gebirge: Gebirge werden vom Wind teilweise umströmt, teilweise überströmt. Bei der Überströmung von Gebirgen entstehen auf der angeströmten Seite Staueffekte (Bildung von Niederschlag) und auf der dem Wind abgewandten Seite Föhneffekte (Auflösung von Wolken; in Tälern und Ebenen warm und zum Teil starker Wind.
- Schwacher Höhenwind: In Gegenden mit Bergen entstehen lokale Windsysteme (Wind bergauf am Tag und bergab in der Nacht).

e) Temperatur (vgl. Kap. 5.7, S. 101):

- Angaben aus Internet und Wetter-Apps nutzen (Unsicherheit der Wettersituation für den entsprechenden Tag beachten: aus 500-hPa-Prognose (gemäß Schritte 1–5) entnehmen).
- Für Temperatur in höheren Lagen (1500 bzw. 3000 m ü.M.) ist auch die 850-hPa-Karte bzw. die 700-hPa-Karte hilfreich.

7. Kurzfristig (nächste 24 Stunden): Niederschlagsradar auswerten (vgl. Kap. 5.2, S. 77)

- Das Niederschlagsradar zeigt den detaillierten zeitlichen und örtlichen Verlauf von Niederschlägen und ihrer Intensität (Zunahme der Unsicherheit mit zeitlichem Abstand vom Zeitpunkt der Erstellung der Prognose beachten).
- Gewittergefahr 1: Niederschläge von mehr als 20 mm/h sind häufig mit Gewittern verbunden.
- Gewittergefahr 2: Bei der Beurteilung eine Sicherheitsmarge von ca. 2 Stunden (d. h., das Gewitter kann auch früher auftreten als prognostiziert) bzw. 20–40 km berücksichtigen (d. h., Gewitter können auch etwas außerhalb der prognostizierten Zone auftreten).

7

Übungsbeispiele

Damit Sie das Gelesene anwenden und etwas üben können, finden Sie hier drei kommentierte Beispiele.

Übungsbeispiel 1

Sie erstellen am Mittwoch, dem 20. 1. 2016 eine Prognose für das Wochenende vom 23./24. 1. 2016.

Ausgangslage

Sie planen für das kommende Wochenende einen Ausflug ins Berner Oberland (Schneeschuhtour oder Winterwandern) mit Freunden. Es ist Mittwoch und Sie müssen Ihren Bekannten mitteilen, ob Sie die Tour am Samstag oder am Sonntag durchführen möchten. Ein frühzeitiger Entscheid ist nötig, weil Ihre Freunde für diesen Tag einen Babysitter organisieren müssen. Sie möchten am Morgen früh starten und am frühen Nachmittag zurück sein. Nun wollen Sie natürlich denjenigen Tag wählen, der das bessere Wetter bzw. die besseren Wanderverhältnisse verspricht.

Unterlagen

Als Unterlagen stehen Ihnen in diesem Fall zur Verfügung:

- Die aktuelle 500-hPa-Karte (Abbildung 54)
- Die 500-hPa-Prognosen für Europa für die nächsten 4 Tage (Donnerstag bis Sonntag; Abbildung 55)
- Die 500-hPa-Prognosen für Europa am Samstag und Sonntag jeweils 12 Uhr (Abbildung 56)
- Die Niederschlagsprognosen für die Schweiz am Samstag und Sonntag, jeweils 6–12 Uhr (Abbildung 57)
- Die Prognose der mittelhohen Bewölkung für die Schweiz am Samstag und Sonntag, jeweils 6–12 Uhr (Abbildung 58)
- Die Prognose der tiefen Bewölkung für die Schweiz am Samstag und Sonntag, jeweils 6–12 Uhr (Abbildung 59)
- Die Prognose der 850-hPa-Temperatur für die Schweiz am Samstag und Sonntag, jeweils 6–12 Uhr (Abbildung 60)

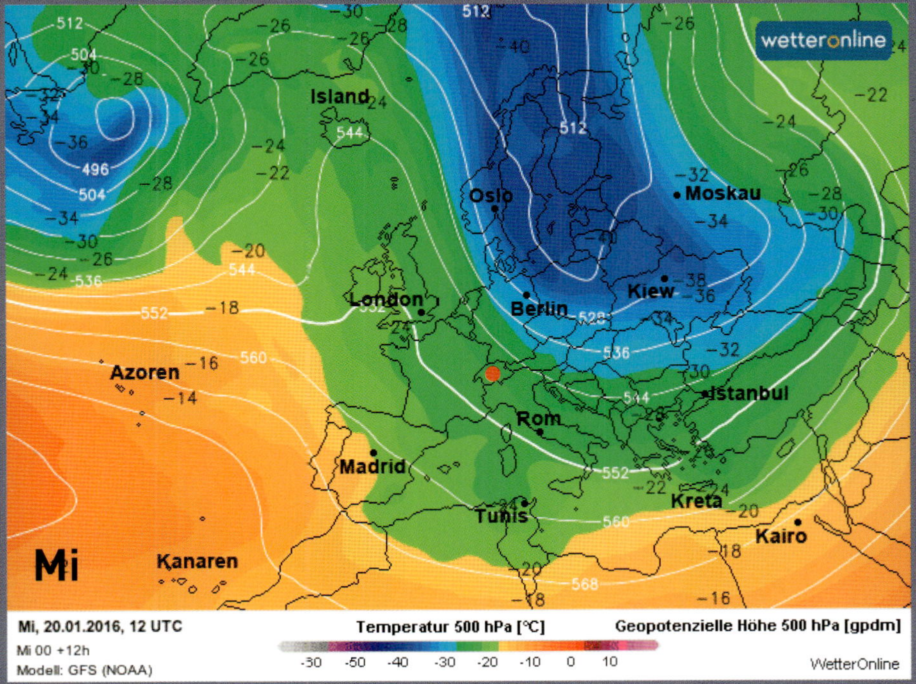

Abb. 54 Die aktuelle 500-hPa-Karte.

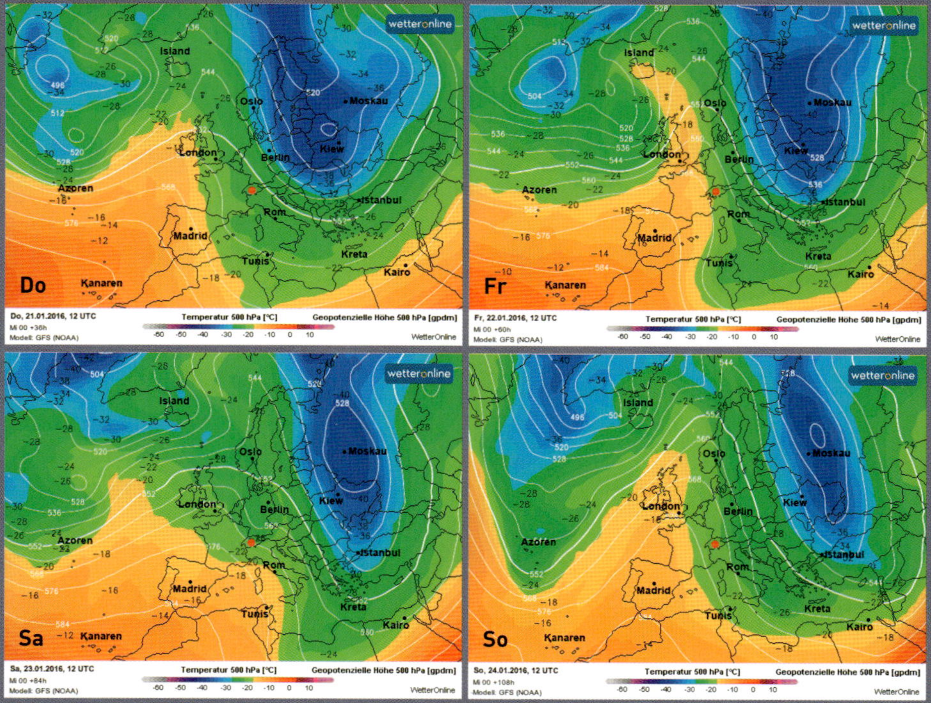

Abb. 55 Die 500-hPa-Prognosen für Europa für die nächsten 4 Tage.

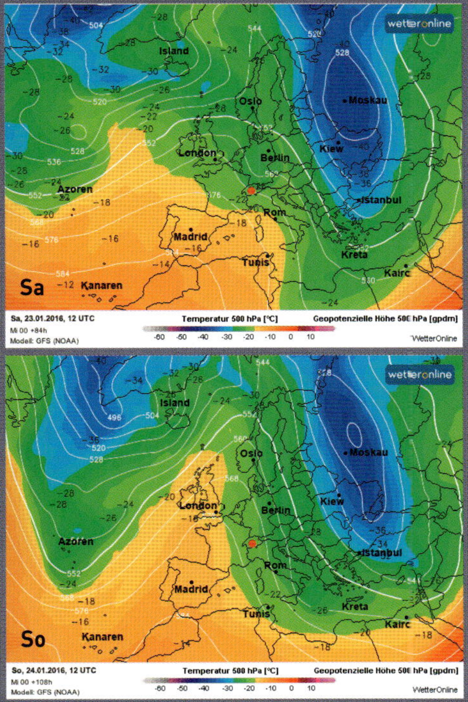

Abb. 56 Die 500-hPa-Prognosen für Europa am Samstag und Sonntag jeweils 12 Uhr

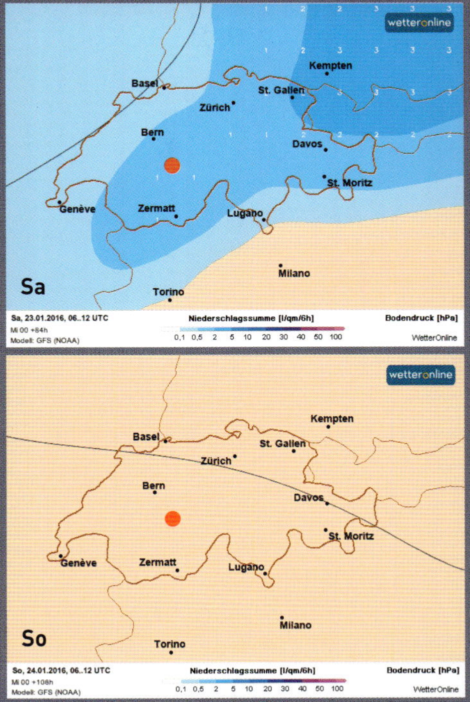

Abb. 57 Die Niederschlagsprognosen für die Schweiz am Samstag und Sonntag, jeweils 6–12 Uhr

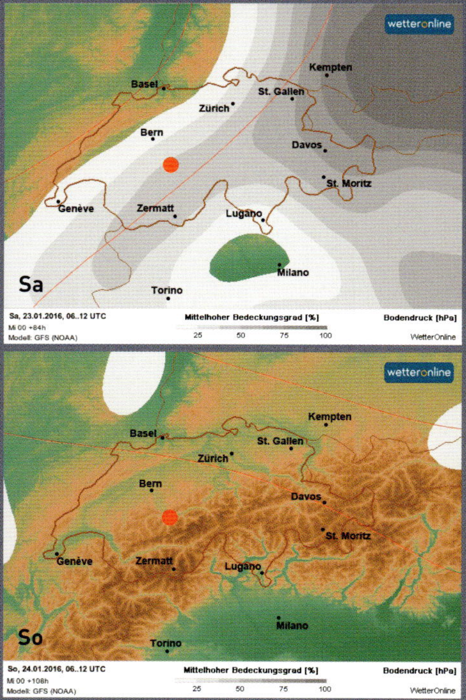

Abb. 58 Die Prognose der mittelhohen Bewölkung für die Schweiz am Samstag und Sonntag, jeweils 6–12 Uhr

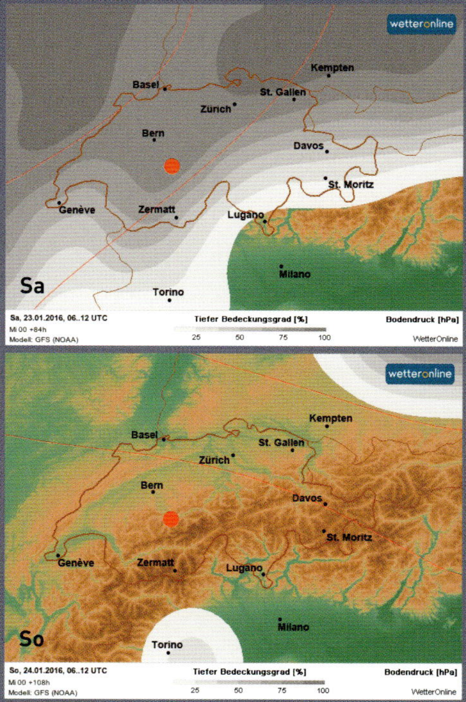

Abb. 59 Die Prognose der tiefen Bewölkung für die Schweiz am Samstag und Sonntag, jeweils 6–12 Uhr

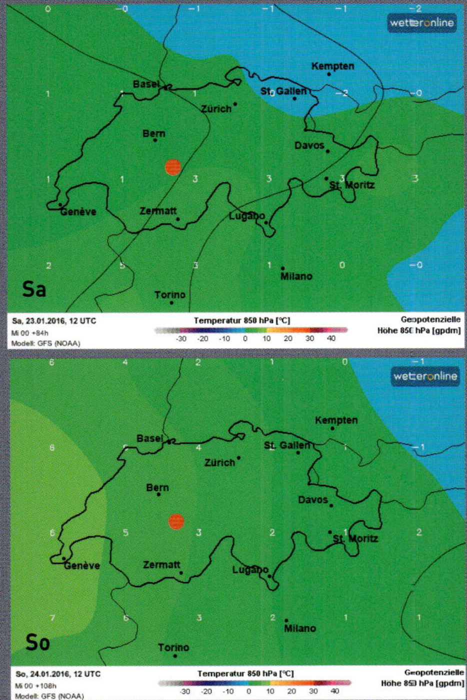

Abb. 60 Die Prognose der 850-hPa-Temperatur für die Schweiz am Samstag und Sonntag, jeweils 6–12 Uhr

Übungsfragen

Wie sieht die allgemeine Wetterlage in der Schweiz am Mittwoch aus?
→ Abbildung 54

Wie entwickelt sich die allgemeine Wetterlage bis Sonntag?
→ Abbildung 55

Für welchen Tag planen Sie Ihren Ausflug?
→ Abbildungen 56–60

Lösung

Beobachtetes Wetter:

Samstag:

Niederschlag: bis 9 Uhr in den Voralpen lokal wenig Niederschlag

Wolken: tiefe Wolken, Obergrenze ca. 2000–2200 m

Temperatur 6–12 Uhr: 1500 m ü.M. knapp > 0 °C; 2000 m ü.M. –1 °C

Sonntag:

Niederschlag: keiner

Wolken: Wolkenschicht in mittlerer Höhe, Wolkenuntergrenze ca. 4000 m ü.M.

Temperatur 6–12 Uhr: 1500 m ü.M. 1,5–7 °C; 2000 m ü.M. 2–4 °C

Tatsächliche Verhältnisse auf der 500-hPa-Karte:

Abbildung 62 zeigt für Samstag (oben) und Sonntag (unten) den Vergleich zwischen der Prognose vom Mittwoch (links) und den tatsächlichen Verhältnissen (rechts) in der 500-hPa-Karte.

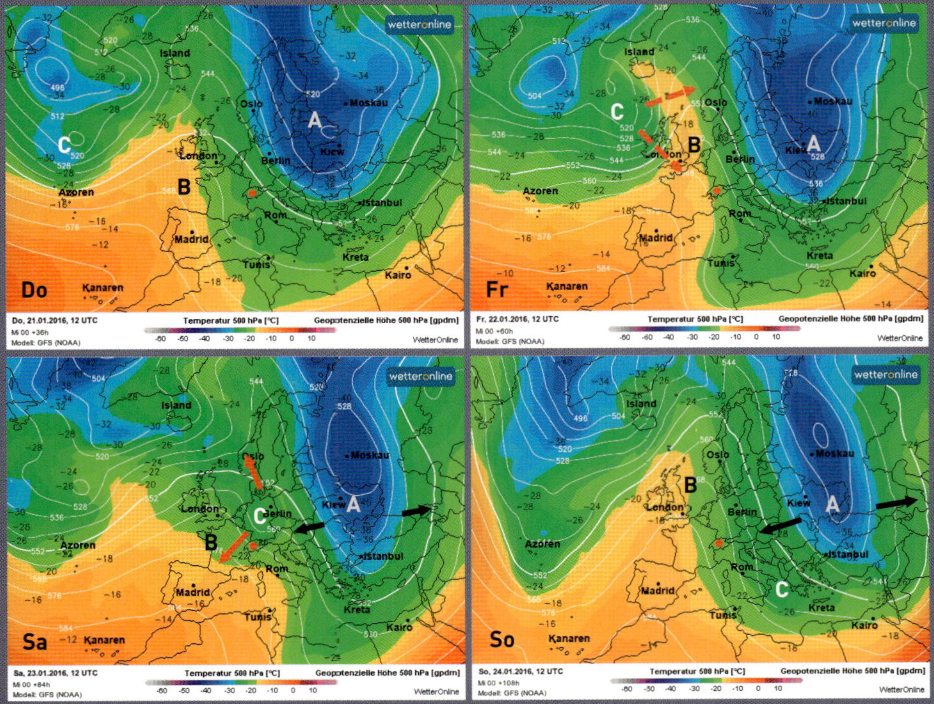

Abb. 61 Illustrierte Prognosekarten (Basis: 500-hPa-Prognosen von **Abb. 55**).

Diskussion

Folgende Überlegungen können einer Prognose mit den vorhandenen Informationen zugrunde gelegt werden:

Analyse der aktuellen Wetterlage (Abbildung 54):
Die Polarfront zeigt am Mittwoch über Europa Wellen mit starker Nord-Süd-Ausdehnung. Ein Hochdruckkeil reicht von Großbritannien bis nach Grönland und eine Kaltluftwelle reicht vom Nordpolarmeer über Skandinavien bis nach Osteuropa. Diese stark ausgeprägten Wellen verschieben sich meist nur relativ langsam von West nach Ost. Die Schweiz bzw. das Berner Oberland (roter Punkt) liegt am Mittwoch am Südwestrand der Polarfront in einer kühlen Nordweströmung.

Generelle Wetterentwicklung bis Sonntag (Abbildung 61):
Die Prognose zeigt nur eine leichte Ostwärts-Verschiebung der Kaltluftwelle «A» in Richtung Russland/Türkei und der Hochdruckachse über die Nordsee. Die Polarfront zieht sich etwas in die Breite und die Schweiz kommt näher an den Hochdruckrücken «B» zu liegen. Eine kleine Kaltluftwelle «C» zieht von ihrer Position nördlich der Azoren am Donnerstag gegen Großbritannien (am Freitag) und Deutschland (Samstag), gerät dabei in den praktisch stationären Hochdruckrücken und löst sich langsam auf (Sonntag). Mit dieser Kaltluftwelle können Störungen, d. h. Wolken und Niederschläge verbunden sein. Der entsprechende Einfluss ist am Samstag stärker als am Sonntag, da sich die Welle langsam auflöst.

Unsicherheit (Abbildung 61):
Da die mächtige Kaltluftwelle «A» relativ stationär ist, sind auch bei einer 3- bis 4-Tage-Prognose nur vergleichsweise geringe Abweichungen von der vorhergesagten Position zu erwarten. Trotzdem ist es möglich, dass sich die Welle etwas weniger weit oder weiter ostwärts bewegt als prognostiziert (schwarze Pfeile). Dies beeinflusst die Lage in der Polarfront und bedeutet gegebenenfalls etwas kühlere und feuchtere Verhältnisse (bei einer schwächeren Verschiebung) bzw. etwas wärmere und trockenere Verhältnisse (bei einer stärkeren Verschiebung).
Von größerer Bedeutung vor allem für den Samstag ist hingegen die kleine Kaltluftwelle «C» über dem Atlantik. Diese Welle könnte sich durchaus auch etwas nördlicher Richtung Skandinavien bewegen statt nach Deutschland, wie prognostiziert (gestrichelter roter Pfeil in der Karte für Freitag). Dadurch würde sich die Prognose für die Schweiz etwas verbessern (weniger feucht, weniger Wolken). Auch eine etwas südlichere Bahn Richtung Frankreich wäre möglich (zweiter gestrichelter roter Pfeil). Dadurch ergäben sich am Samstag mehr Wolken und auch eine größere Nieder-

schlagswahrscheinlichkeit (rote Pfeile in der Karte für Samstag kennzeichnen die mögliche Verschiebung von Welle «C»).
Die höchste Niederschlagswahrscheinlichkeit ist am «Bug» der Welle, d. h. auf der Wellenvorderseite. Diese liegt um 12 Uhr etwa über der Schweiz. Dies würde gegen Mittag etwas Niederschlag bedeuten. Der Zeitpunkt des Wellendurchgangs kann sich in dieser 3-Tage-Prognose jedoch durchaus noch verschieben. Damit könnte der Niederschlag auch schon am Morgen früh oder erst am Nachmittag auftreten.
Am Sonntag ist diese Welle mit hoher Wahrscheinlichkeit jedoch durchgezogen. Das Wetter vom Sonntag ist demnach primär abhängig von der Lage bezüglich der Polarfront. In der vorliegenden Prognose ist der Hochdruckeinfluss von Westen dominierend. Liegt die Polarfront etwas weiter östlich, ist der Hochdruckeinfluss stärker und es ist mit weniger Bewölkung zu rechnen. Liegt sie etwas weiter westlich, ist der Hochdruckeinfluss schwächer und es ist mit etwas mehr Bewölkung zu rechnen.

Detailkarte Niederschlag (Abbildung 57):
Die Niederschlagskarte zeigt erwartungsgemäß für das Berner Oberland (roter Punkt) am Samstagvormittag (6–12 Uhr) eine geringe Niederschlagsmenge (0–1 mm), konzentriert auf den Morgen. Aus der Unsicherheitsbetrachtung (siehe links) ergibt sich, dass diese Niederschläge auch etwas früher oder später auftreten, ganz ausbleiben oder etwas höher ausfallen können. Für Sonntag ist kein Niederschlag vorhergesagt, auch unter Berücksichtigung der Prognoseunsicherheiten ist die Niederschlagswahrscheinlichkeit sehr gering.

Detailkarten Bewölkung (Abbildungen 58 und 59):
Die Karten für die tiefe und mittlere Bewölkung zeigen am Samstag beide für den Morgen (6–12 Uhr) relativ starke Bewölkung. Vor allem aufgrund der tiefen Bewölkung ist in den Bergen durchaus auch mit Nebel – und entsprechend fehlender Aussicht – zu rechnen. Wegen der Prognoseunsicherheit ist auch noch stärkere oder etwas schwächere Bewölkung möglich, mit wolkenlosem Himmel ist hingegen kaum zu rechnen. Am Sonntag zeigen beide Karten keine Bewölkung, hohe Wolkenfelder können jedoch nicht ausgeschlossen werden.

Detailkarte Temperatur (850 hPa, Abbildung 60):
Erwartungsgemäß wird – aufgrund des Durchgangs der kleinen Kaltluftwelle – am Samstag für 1500 m Höhe mit ca. 1 °C eine etwas tiefere Temperatur prognostiziert als am Sonntag (ca. 3–5 °C).

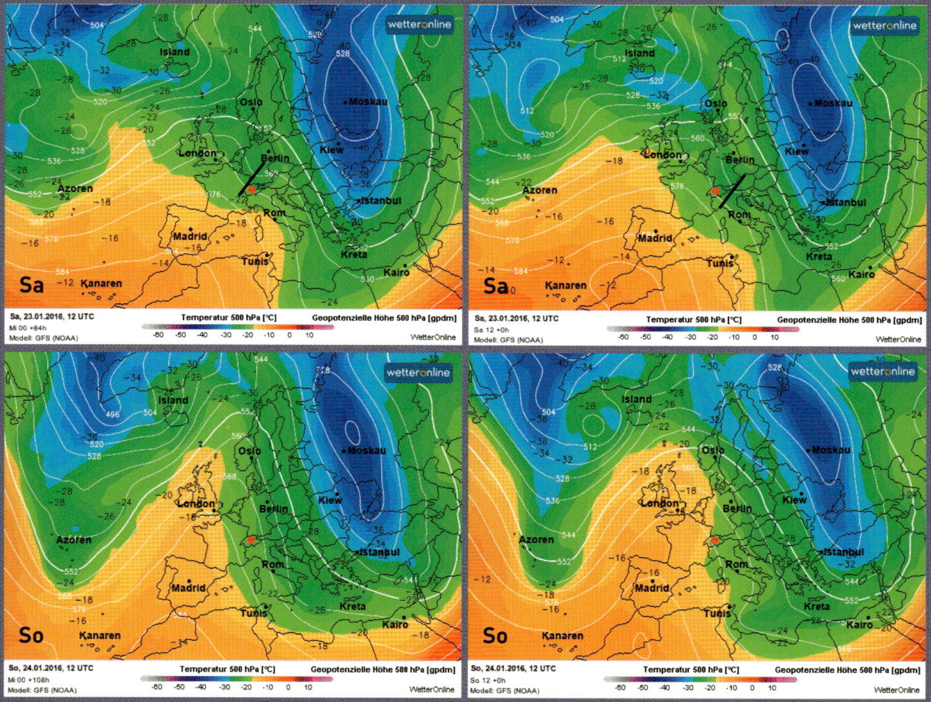

Abb. 62 Vergleich zwischen der Prognose vom Mittwoch (links) und den tatsächlichen Verhältnissen (rechts) in der 500-hPa-Karte am Samstag (oben) und Sonntag (unten).

Zusammenfassung:
Am Samstag ist am Morgen zeitweise mit geringen Niederschlägen zu rechnen, mehr oder weniger starke Bewölkung ist zu erwarten, Nebel in den Bergen ist möglich, die Temperatur auf 1500 m ü. M. beträgt ca. 1 °C. Am Sonntag ist mit niederschlagsfreiem Wetter, etwas wärmeren Temperaturen auf 1500 m ü. M. (3–5 °C), und einem mit höheren Wolken bedeckten bis wolkenfreiem Himmel zu rechnen.
Sie setzen den Wanderausflug für Sonntag an.

Vergleich der Prognose mit den tatsächlichen Verhältnissen (Abbildung 62):
Die oben angegebenen Messwerte für das Berner Oberland zeigen am Samstag einen etwas früheren Durchgang der Kaltluftwelle. Dies ist in der 500-hPa-Karte vom Samstag (rechtes oberes Bild in der Abbildung 62) im Vergleich mit der Prognose (linkes oberes Bild) zu sehen (die Wellenachse ist schwarz markiert). Lokale leichte Niederschläge traten nur am frühen Morgen auf und hörten nach 9 Uhr ganz auf. Die Bewölkung war tief mit einer Obergrenze auf 2000–2200 m ü. M. und teilweisem Nebel in den Gebieten unterhalb dieser Grenze. Bewölkung in mittlerer Höhe gab es praktisch keine. Die Temperatur stimmte gut mit der Prognose überein.

Am Sonntag lag die Schweiz etwas näher am Hochdruckrücken als prognostiziert (rechtes unteres Bild in Abbildung 62). Trotzdem gab es eine praktisch geschlossene, aber wenig mächtige Wolkendecke mit einer Untergrenze bei den höchsten Berggipfeln auf ca. 4000 m ü. M., welche die Sonne ab und zu etwas durchscheinen ließ. Solche Wolkenfelder sind am Rand der Polarfront immer möglich und können nur im Zentrum der Hochdruckgebiete (oder auf der Achse eines Hochdruckrückens) praktisch ausgeschlossen werden. Im Weiteren war es niederschlagsfrei mit Temperaturen im erwarteten Bereich.

Fazit:
Die Wahl aufgrund der Prognose ist auf den «richtigen» Tag gefallen. Das beobachtete Wetter brachte keine wesentlichen Überraschungen.

Übungsbeispiel 2

Am Donnerstag, dem 10.3.2016 erstellen Sie eine Prognose für das Wochenende vom 12./13.3.2016.

Ausgangslage

Sie planen für das kommende Wochenende einen Städteausflug nach Norddeutschland. Es ist Donnerstag und Sie möchten das Hotel und die Zugfahrt reservieren. Zur Auswahl stehen für Sie Hamburg oder Berlin. Ein Entscheidungskriterium sind die Wetterbedingungen.

Unterlagen

Als Unterlagen stehen Ihnen in diesem Fall zur Verfügung:

- Die 500-hPa-Prognosen für Europa von Donnerstag bis Sonntag, jeweils 12 Uhr (Abbildung 63)
- Die Niederschlagsprognosen für Norddeutschland am Samstag von 12-15 Uhr bzw. Sonntag von 9–12 Uhr (Abbildung 64)
- Die Prognose der Gesamtbewölkung für Norddeutschland am Samstag von 12–15 Uhr bzw. Sonntag von 9–12 Uhr (Abbildung 65). Die Karte der Gesamtbewölkung ist identisch mit der Karte für die tiefe Bewölkung.
- Die Prognose der bodennahen Höchsttemperaturen für Norddeutschland am Samstag von 12–15 Uhr bzw. Sonntag von 9–12 Uhr (Abbildung 66)

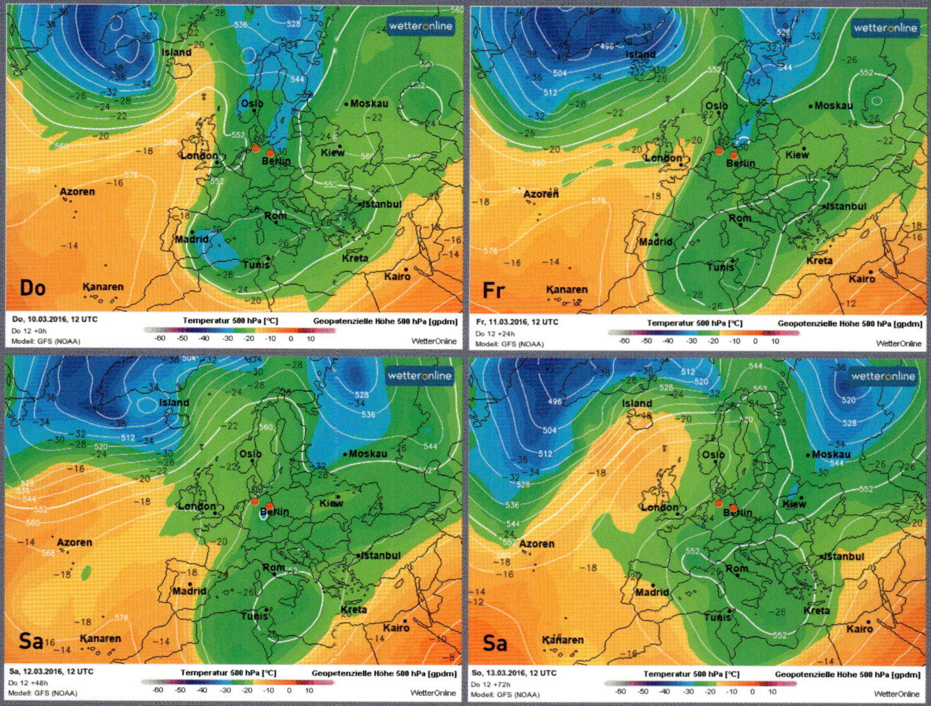

Abb. 63 Die 500-hPa-Prognosen für Europa für die nächsten 4 Tage, jeweils 12 Uhr.

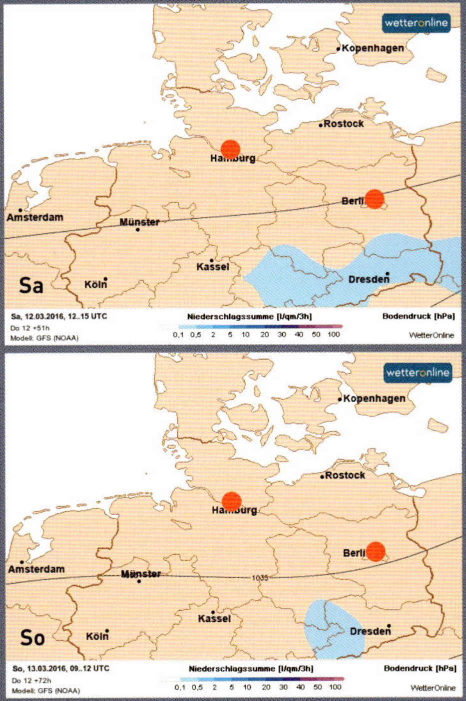

Abb. 64 Die Niederschlagsprognosen für Norddeutschland am Samstag, 12–15 Uhr und Sonntag, 9–12 Uhr.

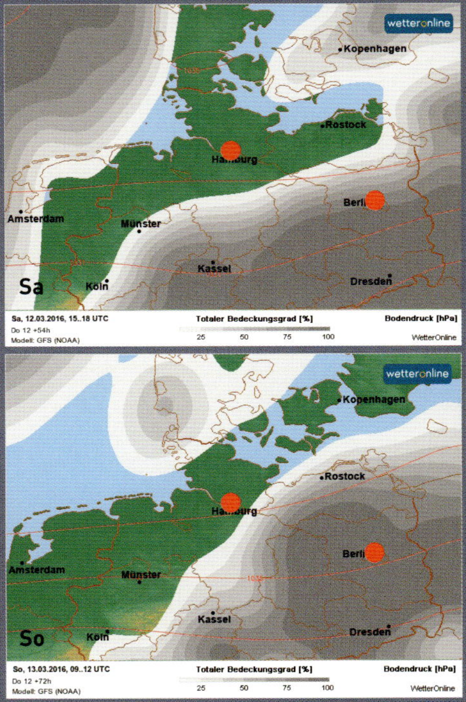

Abb. 65 Die Prognose der Gesamtbewölkung für Norddeutschland am Samstag, 12–15 Uhr und Sonntag, 9–12 Uhr. Die Karte für die Gesamtbewölkung ist identisch mit der Karte für die tiefe Bewölkung.

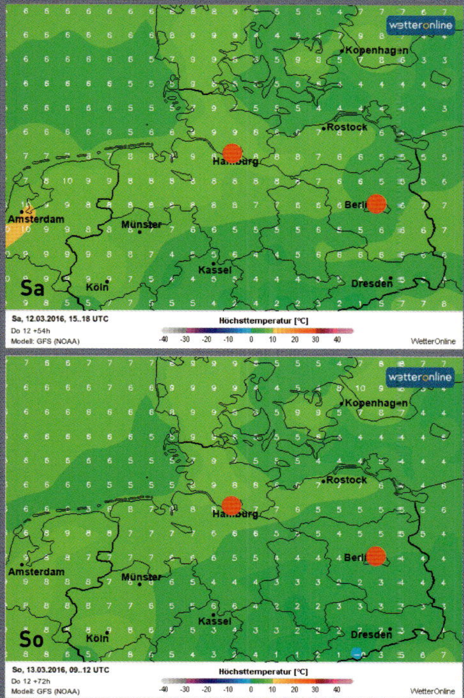

Abb. 66 Die Prognose der bodennahen Höchsttemperaturen für Norddeutschland am Samstag, 12–15 Uhr und Sonntag, 9–12 Uhr.

Übungsfragen

Wie entwickelt sich die allgemeine Wetterlage bis Sonntagmittag?
→ Abbildung 63

Sind die Wetterbedingungen am Wochenende in Hamburg oder Berlin besser?
→ Abbildungen 63–66

Lösung

Beobachtetes Wetter:

Hamburg:
Samstag: 13 Uhr: 4 °C, wolkig (Bedeckungsgrad ca. 60 %), trocken
Sonntag: 13 Uhr: 3 °C, bedeckt (Bedeckungsgrad 75 %), trocken

Berlin:
Samstag: 13 Uhr: 3 °C, bewölkt (Bedeckungsgrad ca. 90 %), teilweise Sprühregen
Sonntag: 13 Uhr: 3 °C, bedeckt (Bedeckungsgrad ca. 75 %), trocken

Tatsächliche Verhältnisse auf der 500-hPa-Karte:

Abbildung 68 zeigt für Samstag (oben) und Sonntag (unten) den Vergleich zwischen der Prognose vom Mittwoch (links) und den tatsächlichen Verhältnissen (rechts) in der 500-hPa-Karte.

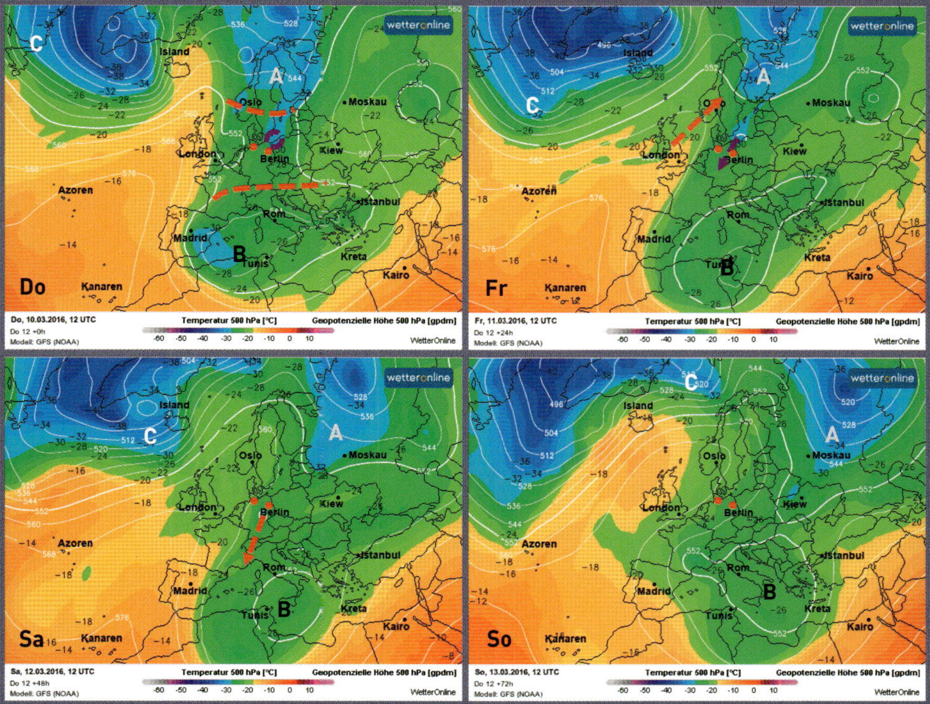

Abb. 67 Illustrierte Prognosekarten (Basis: 500-hPa-Prognosen von Abbildung 63).

Diskussion

Folgende Überlegungen können einer Prognose mit den vorhandenen Informationen zugrunde gelegt werden:

Analyse der aktuellen Wetterlage (Abbildung 63, Bild oben links):
Die Polarfront zeigt am Donnerstag über Europa eine Welle mit starker Nord-Süd-Ausdehnung, aber relativ schwachen Druckgegensätzen. Über Südeuropa ist die Abspaltung eines Kaltlufttropfens im Gang. Ein Hochdruckkeil schiebt sich von Südwesten über Großbritannien. Aufgrund der Abspaltung des Kaltlufttropfens kann sich der Hochdruckkeil wohl weiter nach Osten ausdehnen. Hamburg und Berlin (roter Punkt) liegen in der Zone der Abspaltung des Kaltlufttropfens.

Generelle Wetterentwicklung bis Sonntag (Abbildung 67):
Die Prognose zeigt die zu erwartende vollständige Abspaltung des Kaltlufttropfens «B» von Welle «A». Welle «A» verlagert sich nur langsam in Richtung Russland, der Kaltlufttropfen «B» bewegt sich nur langsam und bleibt mit seinem Zentrum über dem zentralen Mittelmeer liegen. Die über dem Atlantik in der Polarfront sich bewegende kleine Welle «C» zieht im Norden Europas vorbei und hat keinen Einfluss auf das Wetter in Deutschland. Entscheidend für das Wetter in Norddeutschland ist einerseits die Ausdehnung des Hochdruckkeils in Richtung Skandinavien (roter gestrichelter Pfeil in der Karte für Freitag) und der winzige Kaltlufttropfen gleich nördlich von Berlin, den die Abspaltung des großen Kaltlufttropfens (angedeutet im Bild vom Donnerstag mit den roten gestrichelten Linien) hinterlässt (kleiner violetter Kreis). Der Mini-Kaltlufttropfen ist am Freitag nördlich und am Samstag südlich von Berlin in der 552er-Linie gut erkennbar. Er wandert dann bis Sonntag weiter nach Südfrankreich und schließt sich mit dem großen Kaltlufttropfen «B» zusammen.
Vor allem Berlin wird am Samstag von diesem kleinen Kaltlufttropfen betroffen sein und hat deshalb bezüglich Wetter einen erhöhten Unsicherheitsfaktor. Hamburg liegt näher am Hochdruckkeil, weshalb dort eher freundlicheres Wetter zu erwarten ist.

Unsicherheit (Abbildung 67):
Da die Abspaltung des Kaltlufttropfens «B» von Kaltluftwelle «A» bereits im Gange ist, ist die Wahrscheinlichkeit einer Fortsetzung dieses Prozesses sehr hoch. Auch die Entstehung des Mini-Kaltlufttropfens zeichnet sich in der kurzfristigen Entwicklung am Donnerstag und Freitag bereits ab. Seine Zugbahn über Berlin am Samstag ist sehr wahrscheinlich. Am Sonntag hat seine genaue Position über Frankreich wegen der geringen Größe auf das Wetter in Norddeutschland kaum mehr einen Einfluss. Am Sonntag

ist eher die Ausdehnung des Hochdruckkeils von Bedeutung. Aufgrund der relativ geringen Druckgegensätze hat eine Verschiebung der Drucklinien nach Nordwesten oder Südosten keinen nennenswerten Einfluss auf den Wettercharakter, da in jedem Fall eine schwache Nordostströmung herrscht und das Herandriften von Wolkenfeldern entscheidend ist.
Die Unsicherheit liegt also vor allem in der Auswirkung des Kaltlufttropfens über Berlin. Bezüglich Bewölkung und Niederschlag sind gewisse Änderungen möglich, können aber aufgrund seiner geringen Größe nicht allzu stark ausfallen.

Detailkarte Niederschlag (Abbildung 64):
Die Niederschlagskarten zeigen am Samstag und Sonntag geringe Niederschlagsmengen (0–1 mm) südlich von Berlin. Wie oben in der Unsicherheitsbetrachtung erwähnt, besteht aber in Berlin am Samstag die Möglichkeit von geringen Niederschlägen aufgrund des Kaltlufttropfens. Ansonsten sollte es in Hamburg und Berlin trocken bleiben.

Detailkarten Bewölkung (Abbildung 65):
Die Bewölkungsprognosen für die Gesamtbewölkung und die tiefe Bewölkung unterscheiden sich nicht. In der Abbildung gezeigt ist deshalb nur die Gesamtbewölkung. Auf mittlerem und hohem Niveau ist keine Bewölkung prognostiziert. Laut Prognose ist der Himmel in Berlin am Samstagnachmittag und Sonntagvormittag meist stark bewölkt mit tiefen Wolkenfeldern, für Hamburg ist keine Bewölkung vorausgesagt. Aufgrund des Kaltlufttropfens könnte die Bewölkung auch etwas anders verteilt sein und etwas weiter nach Norden getrieben werden. Über Berlin könnte die Bewölkung etwas «aktiviert» werden und geringe Niederschläge produzieren.

Detailkarte Temperatur (Abbildung 66):
Was die Maximaltemperaturen angeht, sind die Prognosekarten auf Bodenniveau nicht allzu verlässlich. Ablesen lässt sich aus diesen Karten vor allem, dass die Temperatur in Hamburg eher etwas höher liegt (1–2 °C), was aufgrund der größeren Nähe zum warmen Hochdruckkeil nicht überrascht.

Zusammenfassung:
Über das ganze Wochenende ist die Wettertendenz für Hamburg besser als für Berlin: weniger Bewölkung, etwas höhere Temperaturen. Nur am Samstag in Berlin sind geringfügige Niederschläge möglich. Die Winde sind angesichts der geringen Druckdifferenzen allgemein schwach.
Sie entscheiden sich für Hamburg.

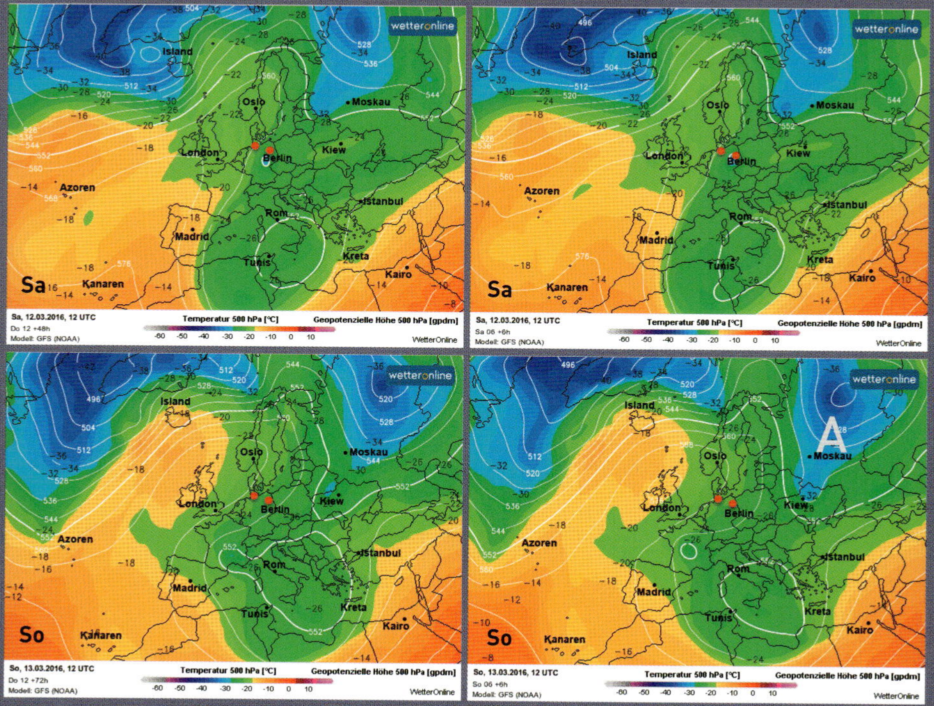

Abb. 68 Vergleich zwischen der Prognose vom Mittwoch (links) und den tatsächlichen Verhältnissen (rechts) in der 500-hPa-Karte am Samstag (oben) und Sonntag (unten).

Vergleich der tatsächlichen Verhältnisse mit der Prognose (Abbildung 68):

Die Messwerte zeigen am Samstag in Hamburg das bessere Wetter: Es ist etwas wärmer (bzw. weniger kalt) als in Berlin, und nur Berlin hat geringe Niederschläge zu verzeichnen. Es gibt wie vorhergesagt nur tiefe Bewölkung, und diese ist in Hamburg geringer, aber höher als in der Prognose berechnet (60 % Bedeckungsgrad).

Am Sonntag unterscheiden sich die Verhältnisse in Hamburg und Berlin sowohl bezüglich Temperatur als auch Wolkenbedeckung kaum. Auch am Sonntag ist die tiefe Wolkenbedeckung in Hamburg größer als im Modell vorhergesagt.

Der Vergleich der 500-hPa-Karten ergab für Samstag kaum Abweichungen gegenüber der Prognose. Der Mini-Kaltlufttropfen lag am Mittag nur etwas weiter nördlich als prognostiziert. Am Sonntag gab es ebenfalls kaum nennenswerte Unterschiede, auch wenn der Mini-Kaltlufttropfen statt über Süd- über Zentral-Frankreich lag.

Fazit:

Die Wahl aufgrund der Prognose ist auf den «richtigen» Ort gefallen. Das beobachtete Wetter brachte keine wesentlichen Überraschungen, abgesehen von der Tatsache, dass die Bewölkung in Hamburg über das ganze Wochenende stärker war.

Übungsbeispiel 3

Sie erstellen am Mittwoch, dem 23.3.2016 eine Prognose für das Wochenende vom 26./27.3.2016.

Ausgangslage

Sie wohnen in Innsbruck (A) und möchten für die kommenden Ostertage (Samstag und Sonntag) am Nachmittag kleine Ausflüge in der Umgebung mit der Familie planen. Es ist Mittwoch und Sie möchten wissen, ob das Wetter Spaziergänge bei angenehmem Wetter an einem oder beiden Nachmittagen zulässt oder ob Sie sich ein Alternativprogramm überlegen müssen.

Unterlagen

Als Unterlagen stehen Ihnen in diesem Fall zur Verfügung:

- Die aktuelle 500-hPa-Karte (Abbildung 69)
- Die 500-hPa-Prognosen für Europa für die nächsten 4 Tage (Donnerstag bis Sonntag; Abbildung 70)
- Die Niederschlagsprognosen für Österreich am Samstag und Sonntag, jeweils 12–18 Uhr (Abbildung 71)
- Die Prognose der mittelhohen bzw. hohen Bewölkung für Österreich am Samstag bzw. Sonntag, jeweils 12–18 Uhr (Abbildung 72)
- Die Prognose der tiefen Bewölkung für Österreich am Samstag und Sonntag, jeweils 12–18 Uhr (Abbildung 73)
- Die Prognose der 850-hPa-Temperatur für Österreich am Samstag und Sonntag, jeweils 12–18 Uhr (Abbildung 74)

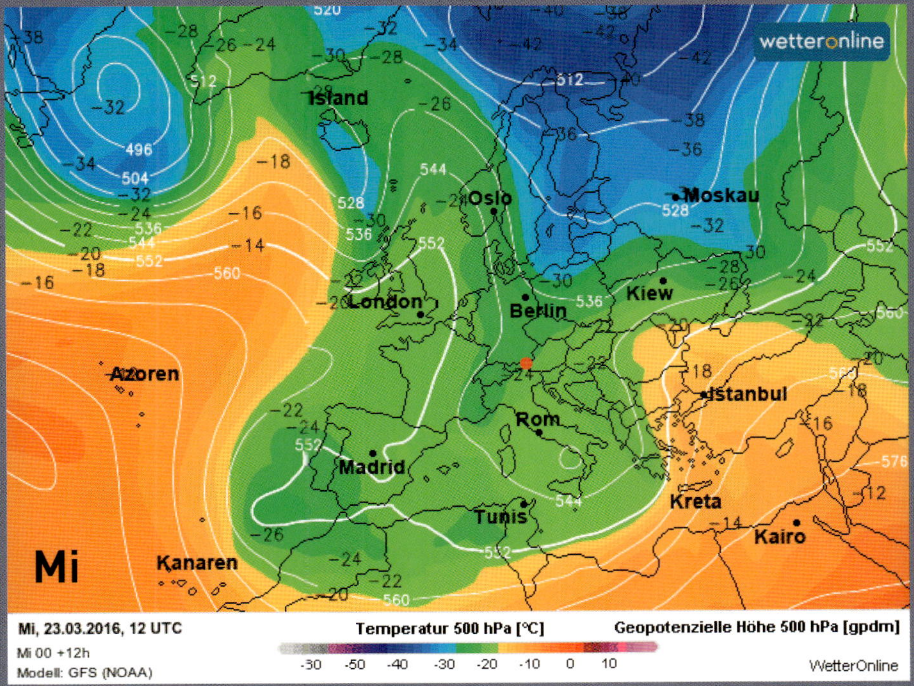

Abb. 69 Die aktuelle 500-hPa-Karte.

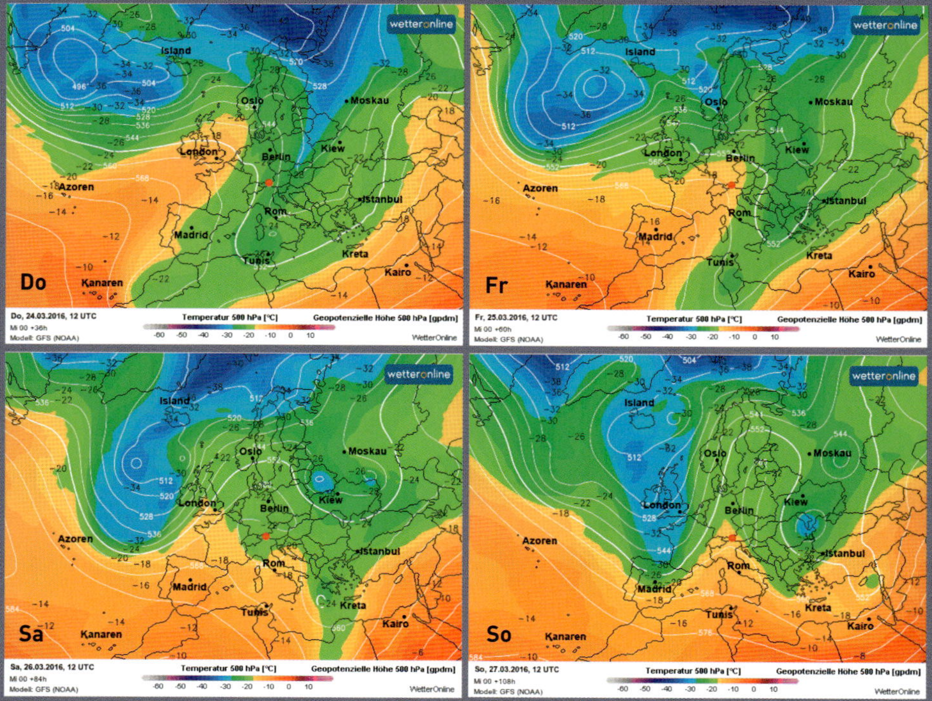

Abb. 70 Die 500-hPa-Prognosen für Europa für die nächsten 4 Tage, jeweils 12 Uhr.

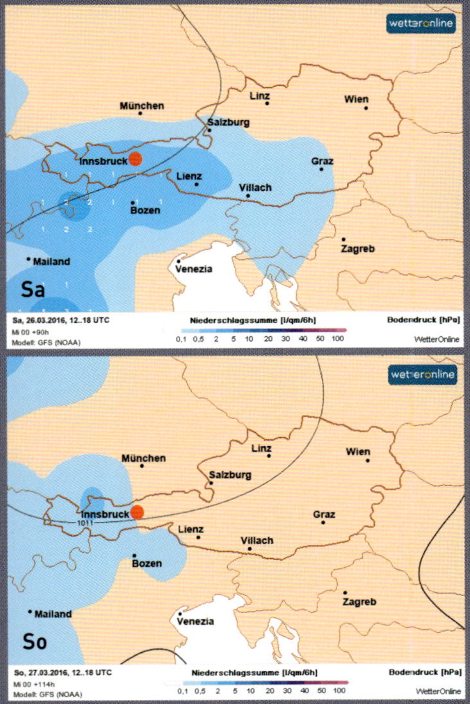

Abb. 71 Die Niederschlagsprognosen für Österreich am Samstag und Sonntag, jeweils 12–18 Uhr.

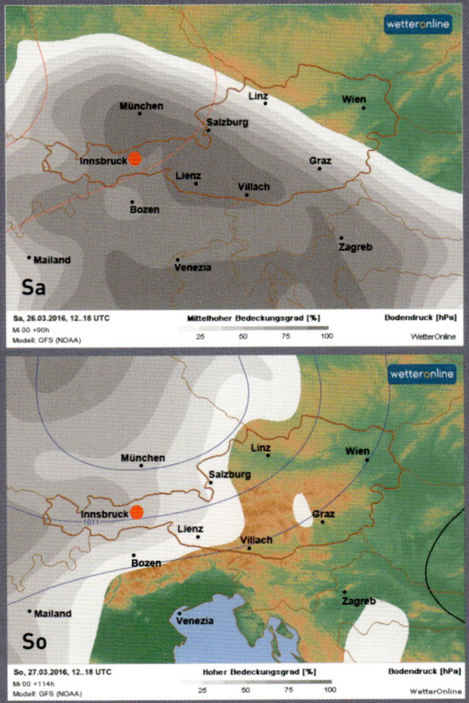

Abb. 72 Die Prognose der mittelhohen bzw. hohen Bewölkung für Österreich am Samstag und Sonntag, jeweils 12–18 Uhr.

Abb. 73 Die Prognose der tiefen Bewölkung für Österreich am Samstag und Sonntag, jeweils 12–18 Uhr.

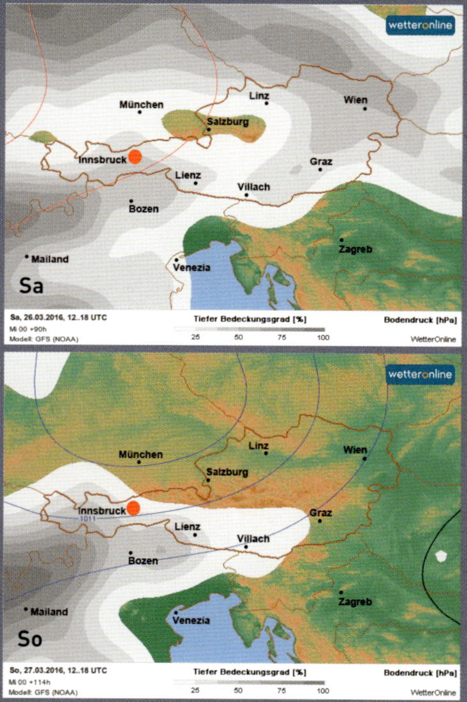

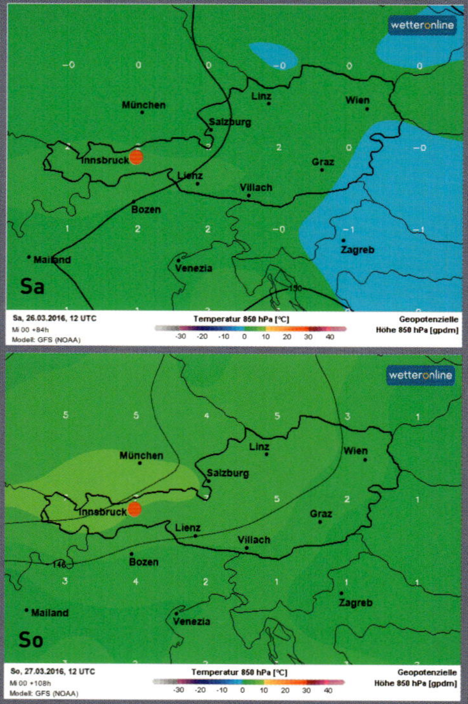

Abb. 74 Die Prognose der 850-hPa-Temperatur für Österreich am Samstag und Sonntag, jeweils 12–18 Uhr.

Übungsfragen

Wie sieht die allgemeine Wetterlage in Österreich am Mittwoch aus?
→ Abbildung 69

Wie entwickelt sich die allgemeine Wetterlage bis Sonntag?
→ Abbildung 70

An welchem Tag (Samstag und/oder Sonntag) ist das Wetter für kleine Ausflüge in der Umgebung von Innsbruck geeignet (keine Niederschläge, nicht zu starker Wind, Temperaturen von mindestens etwa 10–15 °C)?
→ Abbildungen 71–74

Lösung

Beobachtetes Wetter in Innsbruck am Nachmittag:
Samstag:
Niederschlag: kein Niederschlag
Wolken: wechselnd bewölkt (zwischen 0 und 85 % Bedeckungsgrad), tiefe und mittelhohe Wolken
Temperatur 15 Uhr: 14 °C, auf 1000 m ü. M. 11 °C

Sonntag:
Niederschlag: kein Niederschlag
Wolken: leichte bis mittlere Bewölkung (zwischen 20 und 60 % Bedeckungsgrad), tiefe und mittelhohe Bewölkung
Temperatur 15 Uhr: 16.5 °C, auf 1000 m ü. M. 13 °C

Tatsächliche Verhältnisse auf der 500-hPa-Karte:
Abbildung 76 zeigt für Samstag (oben) und Sonntag (unten) den Vergleich zwischen der Prognose vom Mittwoch (links) und den tatsächlichen Verhältnissen (rechts) in der 500-hPa-Karte.

Diskussion

Folgende Überlegungen können einer Prognose mit den vorhandenen Informationen zugrunde gelegt werden:

Analyse der aktuellen Wetterlage (Abbildung 69):
Die Polarfront zeigt am Mittwoch über Europa keine klaren Strukturen. Ganz Europa liegt unter einer umfangreichen Kaltluftwelle mit geringen Druck- und Temperaturgegensätzen. Darin eingelagert sind mehrere kleine sekundäre Wellenstrukturen. Über dem Atlantik sehen wir einen Hochdruckkeil, der sich bis nach Grönland erstreckt und westlich davon vor der nördlichen Küste Nordamerikas eine klar ausgeprägte Kaltluftwelle. Österreich bzw. Innsbruck (roter Punkt) liegt am Mittwoch mitten in der beschriebenen Kaltluftstruktur in mäßiger Kaltluft mit schwachen Winden.

Generelle Wetterentwicklung bis Sonntag (Abbildung 75):
Die Prognose zeigt bis Samstag eine Ablösung der kleinen sekundären Kaltluftwellen «A» und «B» in Richtung Ukraine und Russland, wo sie dann bis Sonntag ungefähr liegen bleiben. Die Kaltluftwelle «C» wandert nach Osten und zieht sich bis Sonntag gleichzeitig gegen Süden etwas in die Länge. Der Hochdruckkeil «D» verschiebt sich ebenfalls gegen Westen und kommt von Freitag bis Sonntag über Zentraleuropa zu liegen,

mit nur noch ganz leichter Verschiebung gegen Osten. Eine kleine, nur sehr schwach ausgeprägte Welle (violette Achse «E») zieht am Freitag südostwärts und verbindet sich bis Samstag mit Kaltluft, die aus der Welle «F» stammt, zu einer kaum erkennbaren, schwachen Kaltluftausbuchtung über dem Alpenraum. Diese Ausbuchtung schwächt am Samstag den Einfluss des Hochdruckkeils etwas ab und verursacht auch gewisse Bewölkung, aber aufgrund der schwachen Winde und Druckgegensätze höchstwahrscheinlich keinen Niederschlag. Am Sonntag erhalten dann die Winde im Vorfeld der Kaltluftwelle «C» eine zunehmende Südrichtung, was in Innsbruck zu einer leichten Föhntendenz führt.

Unsicherheit (Abbildung 75):
Die Hauptunsicherheiten liegen im Osten in der Bewegungsrichtung der kleinen Kaltlufttropfen «A» und – vor allem – «B» sowie im Westen in der Bewegungsgeschwindigkeit und südlichen Ausdehnung von Welle «C». Im Osten könnte die am Freitag erfolgte Abspaltung von Kaltlufttropfen B statt in Richtung Kiew – wie für den Samstag prognostiziert – auch weiter westlich in Richtung Berlin erfolgen (angedeutet durch die gestrichelten roten Pfeile am Freitag), sodass der Kaltluftropfen – oder besser: das Kaltlufttröpfchen – am Wochenende näher bei Österreich liegen würde (schwarze Pfeile) und zusätzliche Bewölkung und allenfalls sogar etwas Niederschlag bringen könnte. Natürlich wäre auch eine Zugbahn weiter östlich möglich, sodass der Kaltlufttropfen weit weg von Innsbruck zu liegen käme.
Eine schnellere oder langsamere Bewegung von Kaltluftwelle «C» (rote Pfeile am Samstag bzw. Sonntag) hätte am Samstag noch keine Bedeutung, da die Welle auch bei schnellerem Vorrücken immer noch in sicherer Entfernung vom Alpenraum stationiert wäre. Ein schnelleres Vorrücken hätte hingegen am Sonntag einen deutlichen Einfluss, würde doch die mit der Welle verbundene Kaltluft bereits am Sonntag die österreichischen Alpen erreichen. Diese wäre in einer ersten Phase mit einer Föhnströmung und Wolkenauflösung über Innsbruck verbunden, später dann mit Regen. Im Extremfall wäre also am Sonntagnachmittag auch ein Kaltlufteinbruch mit Regen möglich.
Verbindet man diese beiden Unsicherheiten, so kann sowohl am Samstagnachmittag (leichter als auch am Sonntagnachmittag) stärkerer Niederschlag nicht vollständig ausgeschlossen werden. Allerdings handelt es sich dabei um extreme Abweichungen von der Prognose, sie sind damit ziemlich unwahrscheinlich. Eher wahrscheinlich ist bei einer mittleren Abweichung der Bewegung von «C» eine etwas stärkere Föhnlage über Innsbruck am Sonntag mit etwas höheren Temperaturen als in den Prognosen.

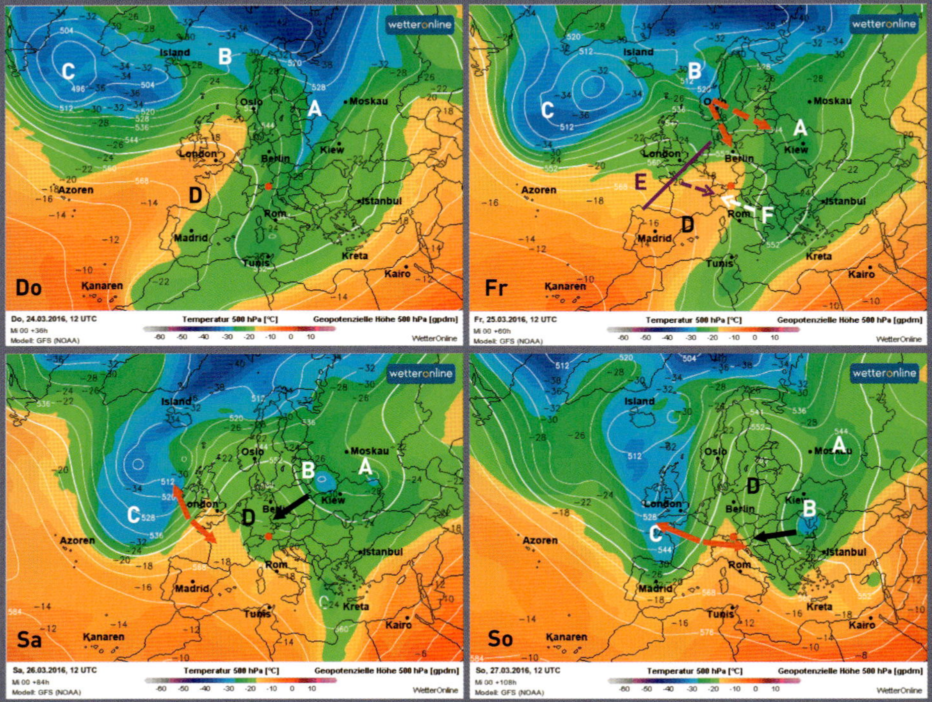

Abb. 75 Illustrierte Prognosekarten (Basis: 500-hPa-Prognosen von Abb. 70).

Detailkarte Niederschlag (Abbildung 71):
Die Niederschlagskarte zeigt für Samstag- und Sonntagnachmittag eine geringe Niederschlagsmenge, mit etwas höheren Werten am Samstag (1 mm gegenüber 0.5 mm am Sonntag). Die Wahrscheinlichkeit, dass es trocken bleibt, ist damit relativ hoch. Vorbehalten sind die vorgängig diskutierten Unsicherheiten.

Detailkarten Bewölkung (Abbildungen 72 und 73):
Die Bewölkungskarten zeigen am Samstag und Sonntag einige tiefe Wolken (Abbildung 73) sowie am Samstag relativ starke mittelhohe Bewölkung (hohe Bewölkung gibt es praktisch keine, deshalb wird die Karte nicht dargestellt), am Sonntag mittelstarke hohe Bewölkung (mittlere Bewölkung fehlt, deshalb wird die Karte nicht dargestellt, Abbildung 72). Die Bewölkung ist also unterschiedlich und wechselnd, am Samstag stärker als am Sonntag.

Detailkarte Temperatur (850 hPa, Abbildung 74):
Die Temperaturkarte für 1500 m Höhe zeigt am Sonntag deutlich höhere Werte (ca. 6–7 °C) als am Samstag (ca. 2 °C), was auf den Föhneinfluss am Sonntag zurückzuführen ist. Die von den Wetterdiensten prognostizierten Bodenwerte liegen ebenfalls am Sonntag etwas höher als am Samstag (14–17 °C resp. 12–15 °C).

Zusammenfassung:
Sowohl am Samstag als auch am Sonntag ist das Wetter wahrscheinlich angenehm warm (zwischen 12 und 17 °C) und trocken, mit unterschiedlicher Bewölkung. Der Sonntag ist wahrscheinlich ein wenig wärmer und freundlicher. Je nach Wetterentwicklung ist jedoch am Samstag leichter und am Sonntag auch stärkerer Niederschlag nicht völlig ausgeschlossen.
Die Wahrscheinlichkeit ist also hoch, dass an beiden Tagen angenehme Spaziergänge ins Oster-Programm aufgenommen werden können. Wer auf Nummer sicher gehen will, überlegt sich noch eine Indoor-Alternative und/oder schaut sich am Freitag noch einmal die Wetterentwicklung an. Zu diesem Zeitpunkt ist eine zuverlässigere Prognose der Zugbahn von «C» und «B» möglich.

Vergleich der Prognose mit den tatsächlichen Verhältnissen (Abbildung 76):
Die oben angegebenen Messwerte für Innsbruck zeigen sowohl am Samstag als auch am Sonntag das erwartete Bild: Trockenes Wetter, am Sonntag etwas wärmer und freundlicher als am Samstag.

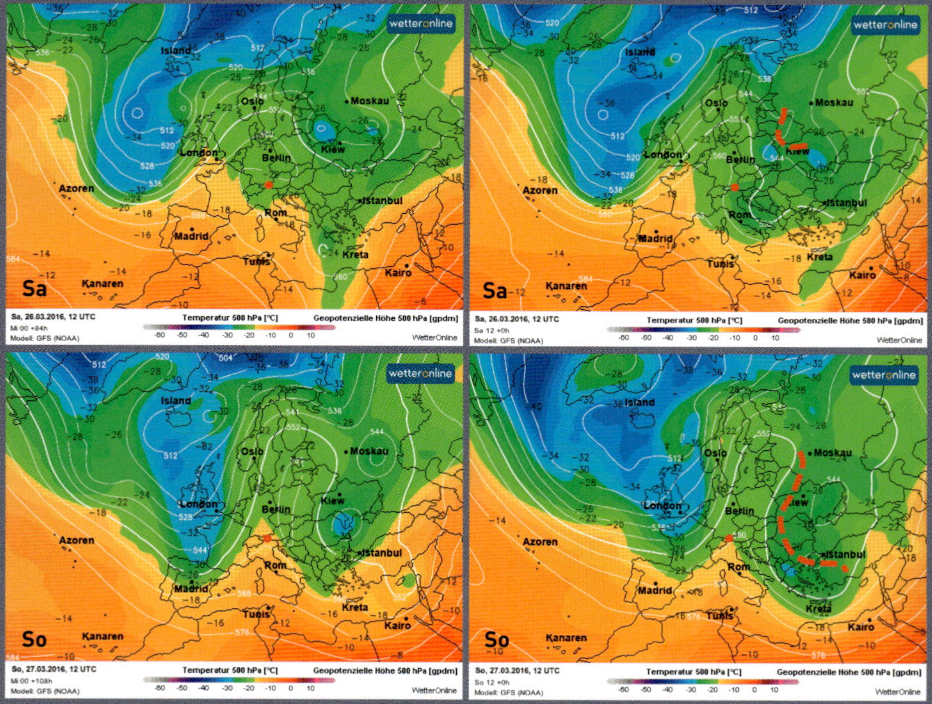

Abb. 76 Vergleich zwischen der Prognose vom Mittwoch (links) und den tatsächlichen Verhältnissen (rechts) in der 500-hPa-Karte am Samstag (oben) und Sonntag (unten).

Der Vergleich der prognostizierten mit der tatsächlichen 500-hPa-Karte in Abbildung 76 zeigt, dass der Vorstoß des kleinen Kaltlufttropfens «B» tatsächlich etwas westlicher erfolgte als in der Prognose (rot gestrichelt die prognostizierte Lage im rechten Bild), aber nicht so nah, dass sein Einfluss in Innsbruck zu spüren gewesen wäre. Die prognostizierte Kaltluftausbuchtung über dem Alpenraum lag dafür südlich der Alpen über Kroatien und hatte ebenfalls nur wenig Einfluss. Auch am Sonntag lag die Kaltluftwelle etwas weiter westlich als prognostiziert (rot gestrichelt), aber ebenfalls ohne Einfluss. Die Ostwärts-Bewegung von Kaltluftwelle «C» entsprach praktisch der Prognose, die Ausdehnung gegen Süden war jedoch etwas geringer. Dies hatte für den Alpenraum jedoch keine Auswirkungen.

Fazit:

Das Wetter entsprach der wahrscheinlichen Prognose und ermöglichte am Samstag und Sonntag angenehme Frühlingsspaziergänge.

Anhang

Rechtenachweis

Alle in den Abbildungen verwendeten Wetterprognosekarten wurden von den Betreibern der Internetseite **wetteronline.de** (Rubrik «Profi») produziert. Die Daten wurden vom Globalen Prognosesystem (GFS) des US-amerikanischen Wetterdienstes berechnet.

Als Vorlage für die 500-hPa-Grundkarten diente eine Karte von wetteronline.de

Seite 80, Abb. 30: Das Beispiel des Niederschlagsradars für die Schweiz wurde der Internetseite meteo.search.ch entnommen. Die darin enthaltenen Mess- und Prognose-Daten wurden von MeteoSchweiz produziert.

Blickwinkel: Umschlag vorne, oben: McPHOTO; Umschlag vorne, unten: H. Baesemann; Seite 10: E. Teister; Seite 16: A. Hartl; Seite 32: D. Vorbusch; Seite 42: D. Maehrmann; Seite 106: G. Czepluch; Seite 116: S. Ziese
Christoph Kull: Seite 87, Abb. 34; Seite 98, Abb. 45; Seite 99, Abb. 46
Dreamstime: Seite 152: Flynt
NASA: Seite 13, Abb. 2: Dominic Hart; Seite 46, Abb. 18: NASA-GSFC-GOES-Project, 28. 1. 2014; Seite 93, Abb. 39: NASA EOSDIS Worldview
Urs Neu: Seite 52, Abb. 21; Seite 86, Abb. 33.
NOAA: Umschlag hinten, unten und Seite 29, Abb. 12: NOAA; Seite 93, Abb. 40: NOAA EVL, GOES-Satellit
Pixabay: Seite 23, Abb. 5: Hans Braxmeier; Seite 23, Abb. 6: Adina Voicu; Seite 25, Abb. 8: David Mark; Seite 30, Abb. 13: milenqqa; Seite 52, Abb. 22: WikiImages; Seite 70, Alexis; Seite 74, Abb. 27: Unsplash; Seite 78, Abb. 29: Gianni Crestani; Seite 81, Abb. 31: Hans Braxmeier; Seite 84, Abb. 32: Györyg Károly Tóth; Seite 90, Abb. 36: Sunrae; Seite 92, Abb. 38: Stefan Schweighofer; Seite 96, Abb. 43: Hans Braxmeier; Seite 103, Abb. 49: Max Hermann
Wikimedia Commons: Seite 13, Abb. 1, links: Deutscher Wetterdienst, PD

Register

Bitte beachten Sie auch die folgenden Seiten.

Jürg Alean

Gletscher der Alpen

Eis, Wasser, Stein – das sind die Elemente, aus denen Gletscher bestehen, jene Elemente der Bergwelt, die seit jeher auf den Menschen eine besondere Faszination ausüben. Heute verlieren die Gletscher weltweit an Masse – auch in den Alpen ist das Schmelzen der Gletscher ein alarmierendes Signal für den Klimawandel. Dieses Buch stellt das Phänomen der Gletscher umfassend dar: Wie entstehen sie? Warum fließen sie und wie schnell ist diese Bewegung? Wann werden Gletscher zur Bedrohung für die Menschen? Was lebt im Gletschervorfeld? Auf welche Art formten die Gletscher die Landschaft in der Vergangenheit, und wie tun sie es noch heute? Mit Beispielen aus dem ganzen Alpenbogen vermittelt dieses Buch Wissenswertes zu den Alpengletschern von gestern und heute. Die fantastischen Fotografien – teilweise auch aus der Luft – zeigen, welche landschaftlichen Schönheiten wir zu verlieren riskieren.

2010
267 Seiten
rund 250 farbige Abb.,
8 Grafiken, gebunden
ISBN 978-3-258-07608-9

Jürg Alean / Michael Hambrey

Gletscher der Welt

Gletscher und Vulkane in Island, eisgeformte Landschaften in Skandinavien, Eisberge in Grönland – verheerend für die Titanic –, galoppierende Gletscher in Nordamerika, Berggiganten und ihre Gletscher im Himalaja, die Gletscher der Tropen und die riesigen Eisschilde in der Antarktis – auf einer Reise rund um den Globus führt dieses Buch zu den großen Gletschergebieten der Welt. Fantastische Fotografien der Gletscher und ihrer Landschaften lassen staunen ob der Schönheit des Eises und spannende Texte erklären, wie Gletscher funktionieren, welche Bedeutung sie haben und welche Gefahren von ihnen ausgehen – und wie bedroht die Gletscher durch die Klimaerwärmung sind. Augenweide und Informationsquelle zugleich, bietet dieses Buch einen umfassenden Überblick über das faszinierende Naturphänomen Gletscher und setzt ihm in Zeiten der Klimaerwärmung ein würdiges Denkmal.

2013
296 Seiten
ca. 350 Farbfotos, gebunden
ISBN 978-3-258-07803-8

Heinz Wanner

Klima und Mensch

Eine 12'000-jährige Geschichte

Während des Holozäns, der gegenwärtigen Warmzeit, hat das Klima die menschliche Geschichte und die gesellschaftlichen Entwicklungen immer wieder markant beeinflusst. Der bekannte Klimaforscher Heinz Wanner beschreibt die grundlegenden Vorgänge im Klimasystem und erläutert die wissenschaftlichen Analysemöglichkeiten mittels rekonstruierter Daten und Modellsimulationen. Das Klima des Holozäns wird ausführlich dargestellt, wobei der Schwerpunkt auf auslösenden Faktoren der Klimaschwankungen sowie auf räumlichen Mustern des Klimawandels liegt. Der Autor geht der Frage nach, wie einzelne Gesellschaften weltweit auf extreme Klimaperioden wie Trocken- oder Kältephasen reagiert haben, zum Beispiel die Pueblos in Nordamerika, die Inuit und die Wikinger in Grönland, die Bewohner der Sahara oder die Harappankultur der Indusebene.

Ein hoch aktuelles Buch, von einem der international renommiertesten Klimageografen, in spannender, auch für interessierte Laien verständlicher Sprache verfasst und mit vielen informativen Grafiken und Übersichtsfotos illustriert. Ein Werk, das die Zusammenhänge zwischen Klima und den großen gesellschaftlichen Umwälzungen der letzten 12'000 Jahre fundiert aufzeigt.

2016
276 Seiten
mit vielen informativen Grafiken
und Übersichtsfotos illustriert, gebunden
ISBN 978-3-258-07879-3